酵素療法權威
鶴見隆史◎著
劉雪卿◎譯

超級酵素

スーパー

最強の福音！
スーパー酵素医療

日本酵素權威醫師
教你認識酵素，遠離病痛

前言

醫學之祖希波克拉底曾說：「火食（加熱過的食物）就等於吃得過多。」的確是真知灼見。大量使用經火烹調的食物容易生病。希波克拉底在西元前就已經洞見這一點。他還說：「疾病是淨化的症狀，症狀是身體產生的防衛手段。看起來好像存在著許多疾病，但事實上疾病只有一種。」

火食和人有密切關係。對人類或動物來說，最重要的營養素「酵素」會因為火食而流失。

以往，並沒有將酵素納入營養素中，很多人誤以為「攝取蛋白質，就能夠自然的攝取到酵素，而且能夠無限的製造出酵素。」不過，近年來發現事實並非如此。

美國的艾德華・豪爾醫學博士（一八九八～一九八六）集50年來酵素研究之大成，在一九八五年於著書《Enzyme Nutrition（酵素營養學）》中發表「正確的酵素營養學」。後來，陸續在學會論文中發表酵素、輔酶食品（酵素營養食品）的效能及作法。

根據博士的研究，可以清楚的知道「壽命是受到體內酵素含量的支配。」

以往大家都認為「壽命天注定」，現在卻得知「酵素能夠延長或縮短壽命」。這是震驚世人的發現。

疾病是因為酵素不足而引起的。難治疾病的產生，是由於極端的欠缺酵素。會造成酵素不足的理由有很多，錯誤的飲食生活乃是最大原因，其中又以火食為罪魁禍首。

酵素是唯一具有生命的營養素，一旦加熱到48度C以上時，就會完全遭到破壞。沒有生命的東西，吃再多也無法成為營養被人體吸收，反而會浪費消化時所消耗的熱量，朝疾病方向前進。

本書是以豪爾博士的著書、論文為基礎，再加上自己的經驗鳥言完成。

在我的診所會使用酵素食物療法或酵素營養食品進行治療，果治好了許多難治疾病患者。這些健康法的確是以酵素的想法為基礎。

執筆本書的動機，即希望一般大眾也能夠了解這個事實。只要各位充分認識酵素的重要性，就能夠獲得健康與長壽。

目錄

第1章 終極醫療

第2章 西醫對難治疾病束手無策的理由

第5章 「酵素」決定壽命和老化！

第10章 鶴見診所的「超級酵素醫療」病例集

1

終極醫療

美國癌症患者逐漸減少

雖然這十幾年來世界景氣一直不見復甦，但是餐飲業卻依然經營得有聲有色，仍然是很多大富投資的對象。

儘管景氣不佳，但民以食為天，生活中少不了飲食。

「美食」與「健康」看似矛盾，但是仍有不少人能夠兩者兼得。

這時嶄露頭角的就是營養食品等健康食品，數目、種類繁多，大家爭相購買。

但是疾病似乎並沒有因此而減少，癌症等難治疾病依然持續增加。

難道光是攝取健康食品無法得到健康嗎？

不錯！本書將會詳細說明其理由。總之，不了解疾病產生的原因，一味追求健康食品，當然無法得到健康。

那麼，該怎麼做才能夠真正獲得健康與長壽呢？

答案是「要經常過著改善疾病原因的生活」。

疾病的原因包括以下三點。

①飲食生活紊亂

②承受強大壓力

③不良的環境與生活習慣（失眠等）

這三者是腐蝕人體最大的原因，其中以①最需要改善，當然②、③也不能忽略。

一九七七年一月，美國發表「參議院營養問題特別委員會報告」（一般稱為「馬克加邦報告」）。以此報告為開端，在美國陸續提出「食物與疾病的因果關係」的相關報告。

但是，「食物與疾病的因果關係」的一連串報告並未受到國人重視。

美國自一九七七年以來，醫學急速改變風貌，會利用各種植物治療癌症，或改善飲食生活，積極使用由植物萃取出來的營養食品，同時減少抗癌劑的使用，明顯出現想要藉助其他方法來治療癌症的潮流。

美國方面知道不只是癌症，所有的疾病都存在著各種病因，因此，努力想要藉由改善原因來預防疾病。

關於癌症方面，到一九八八年為止持續上升的罹患率、死亡率，到一九〇年時，每年罹患率減少0.7％，死亡率則每年減少0.5％。自一九九六年後，更是大幅的降低（參考表1、表2）。

反觀國內的現狀，不但沒有改善飲食生活，甚至沒有重新評估更好的治療法。因此，直到現在癌症的罹患率、死亡率依然持續上升。

造成這種狀況的理由有很多，不過，主要是因為醫療機構並沒有發現食物真正的重要性。

很多醫院的醫師，都將飲食的事情交給營養師去處理，只是利用藥物、注射來進行治療。患者也習慣看醫生、拿藥回家服用，認為治療就是這麼一回事。

在一九七七年的「馬克加邦報告」中，對於醫師們苛責有加。

報告中寫道：「從事現代西醫的醫師們，沒有任何一個人真正了解營養與疾病的關係。」

受到這番話的激勵後，美國的醫師們，尤其是私人診所的醫師，醫療方針有了一百八十度的轉變，開始積極學習營養學。

我認識一些美國醫師，發現他們進步神速。每天談話內容都不同，最近則流行談論食物與營養食品的話題。

榮獲「最佳醫師獎」、著名的荷爾蒙療法權威莫里斯・雷瓦博士告訴我：「在進行治療前，有絕對要做的事，亦即改善這裡和這裡裡。」

（表 1）

美國的癌症罹患率	
1973 ～ 1989 年	每年平均增加 12%
1990 ～ 1995 年	每年平均減少 0.7%
1996 年～	未發表，但推測大幅減少

（表 2）

美國的癌症死亡率	
1990 ～ 1995 年	每年降低 0.5%（5 年內降低 2.6%）

博士說著，同時指著頭和口。

我問：「頭是指改變想法，口是指改善飲食內容嗎？」

他回答：「的確如此。我為了改善這兩點，雇用專家花兩個小時指導患者正確的飲食內容，以及擁有正確的知識並進行休養，之後我才正式開始進行治療。」

在美國，像雷瓦博士一樣指導改善飲食生活的醫師日益增加。

擁有酵素營養學的知識並實踐是健康之道

那麼，應該如何改善飲食生活，才能夠從根本上治療疾病呢？答案就是本書的主題，亦即攝取含有酵素的食物，也就是吃生的食物。尤其大量攝取新鮮蔬菜與水果，才是得到健康的捷徑。

酵素是很重要的營養素，也是支配壽命唯一的營養素，一天必須從飲食中攝取三次，否則壽命會縮短。

關於「酵素與壽命的關係」，在第五章會為各位詳述。在此我要強調的是，以往在營養學中被忽略的酵素，才是最重要的營養素。

在美國，很多團體都追尋「基於自然法則的生命科學理論」而過著飲食生活，希望藉此得到真正的健康。這些成員幾乎都是攝取生食或飲食中加入生食，每個人都能夠得到健康與長壽。

他們喊出以下三個口號。

①吃 plant food（植物性食物）

②吃 whole food（植物全體）

③吃 raw food（生的食物）

其中③以生食為主的飲食生活，就是源自於酵素營養學的觀念。

含有酵素的東西，就是生的食物，以及填滿酵素的酵素營養食品。攝取這兩者，不僅能夠促進健康，也是大幅延長壽命的唯一方法。

有的人能夠接受生食，但是對於攝取營養食品的效果持懷疑的態度。

可是，這些追求自然取向的人，唯一能夠接受的營養食品，就是酵素營養食品。

理由是，酵素營養食品是酵母菌塊，是集合活菌體的營養食品，所以是接近自然的食品。和一般超級市場所販售的營養食品大不相同。

酵素營養食品是腸內菌群的益菌，具有使腸內細菌正常化的作用，能活化胃腸內的菌體內酵素，輔助消化活動。

雖說「生食」很好，但是生存在現代這個世界，光靠「生食」很難存活。現代人若要攝取接近自然的食物，需要依賴酵素營養食品。

末期癌症病人，或追求自然取向的人，每天都會過著「生食」的生活，但並不是世上每個人都做得到。

有時也想吃飯、煮蔬菜，或吃一點油炸食品、炸雞等，這時，能夠幫助你的就是酵素營養食品。藉此能夠補充只存在於生食中的酵素，有助於消化。

對健康來說，消化很重要。消化不良是所有疾病的根源，因此，酵素療法十分重要。要得到健康與長壽，就要攝取含有酵素的食物。但是飲食是人生的一大樂趣，光吃生食，會大大的降低飲食之樂。一般人或多或少都想吃些加熱料理，忍耐不吃，反而會導致壓力積存。這時，攝取酵素營養食品是有必要的。

了解酵素營養學並加以實踐，才是得到健康與長壽的最佳捷徑。

希望大家都能夠擁有這方面的知識，藉此預防疾病。

這樣的醫療指導，才是21世紀的終極醫療。

2

西醫對難治疾病束手無策的理由

醫師也難逃疾病的侵襲

任何疾病都可以預防，但是幾乎所有的醫師與一般人都不知道好的預防法，所以會生病。

有的醫師明知道疾病的預防法，但因為未採取措施而引發疾病。

醫師也會生病，看來好像很不可思議，但事實就是如此。把疾病交給這樣的醫師來診治，不是很奇怪嗎？

西醫是「精通檢查的醫療」，不過卻是與「預防」、「得到健康與長壽」背道而馳的醫療。

首先是治療時所投與的醫號藥存在很大的問題。大部分的西藥都必須長期投與，這樣會危害人體。

理由如下。

● 藥物並不是改善原因（藥物成分純粹是化學物質，進入體內後，會使全身的恆定性驟然喪失）。

●會殺死在腸內一百種、一百兆個號類中的益菌（尤其抗生素與抗癌劑的殺傷力更大）。

●具有強烈的副作用（不但無法治好疾病，反而會使病情惡化）。

●與預防疾病相關的部分完全無效（也許各位難以置信，但目前這的確是無庸置的事實）。

為什麼西藥非但不能夠加以預防，反而會發生問題呢？這是因為西藥是由不自然的純化學物質所構成，進入人體後，會使身體的平衡紊亂所致。

人類無法接受不存在自然界中的東西，持續服用不自然的西藥，會出現副作用，無法預防疾病。

中藥的限度

那麼，中藥又如何呢？和西藥相比，中藥成分的構造比較複雜，因此，不能說其不像西藥那般具有副作用。而且，中藥不見得都是好東西，也存在不少問題。

現在市面上的中藥，幾乎都是在攝氏100度以上煎煮而成，酵素蕩然無存。加熱100度C以上，無法萃取出真正的藥效成分。根據最近的報告顯示，加熱到100度C以上時，大部分的成分都會流失。

因此，中藥的藥效成分有其限度。

中藥的另一個問題，就是服用後也無法成為原因根治療法。根本原因在於腸的腐敗，不治療的話，疾病當然無法好轉。即使服用再多、再好的中藥，也只是稍微彌補不足的部分而已，不算是根本治療。

原因根治療法在於「改善飲食內容」。不論是西藥或中醫，都沒有從根本處治療致命的缺陷。

只會處理結果的西醫無法杜絕病因

西醫對於病因或疾病本身，是以解剖學的構造觀點來掌握。基本上是抱持「疾病本身就是原因」的想法，因此，在治療上也採取對症下藥的處理方式。但這並不是治本的原因根治療法。

對於代表性的慢性病，西醫是以如下方式來掌握。

◎西醫的疾病診斷與治療法

❶肺炎

肺的一部分發展，照X光時發現陰影。發炎原因是細菌感染，所以投與抗生素治療。

❷狹心症

供給心肌營養的冠狀動脈的一部分出現痙攣、狹窄、血液循環不順暢，受到該血管支配的肌肉無法得到營養而壞死，使得心臟出現重大毛病，有時甚至會致死。治療法是投與冠狀動脈擴張劑以擴張冠狀動脈，或藉由插管等直接擴張變窄的冠狀動脈。

❸胃潰瘍

胃黏膜的一部分缺損或出現空洞。原因是胃酸過多，最近則認為原因是胃幽門螺旋桿菌。治療法是投與抗潰瘍劑，極力抑制胃的活動，控制胃酸，同時也會投與去除胃幽門螺旋桿菌的抗生素。

❹高血壓

血壓較高的狀態。具體而言是指收縮壓為160以上、舒張壓為100 mm Hg以上的狀態。治療法是投與各種降壓劑，以及限制飲食中的鹽分。亦即重視血壓較高狀態的問題。

❺糖尿病

空腹時血糖值較高，一整天下來，血糖值無法降到100 mg／dl以下的狀態。治療法是限制熱量、投與降血糖劑。如果血糖值遲遲無法下降，則會注射胰島素。

❻風濕

原因不明，是一種自體免疫疾病。現在對於診斷標準有明確的定義。只要大致符合診斷標準，就診斷為慢性關節風濕。治療法是止痛等典型的對症療法。

❼癌症

各臟器出現惡性腫瘤。依照臟器名稱來為癌症命名。例如出現在大腸時，稱為大腸癌，出現在胃時，稱為胃癌。白血病是白血球癌化、異常增殖或減少的疾病。惡性淋巴瘤是淋巴癌化的疾病。治療法包括手術、投與抗癌劑、照射放射線三種。

❽腰痛、背肌痛、坐骨神經痛

疼痛部位在腰部稱為腰痛，在背部稱為背肌痛，如果是下半身單側疼痛、麻痺，則稱為坐骨神經痛。原因斷乎都是骨骼變形所致。尤其是脊椎的椎骨狹窄或椎間盤突出時，該部位就會出現疼痛。治療法是使用止痛劑、牽引，有時也會動手術。

❾慢性肝炎、肝硬化

原因是C型、B型病毒造成的。治療法是使用干擾素，或利用點滴注射強力藥劑。

總之，西藥將涉及到肉體產生的現象雨止義為疾病。為了符合定義，會使用各種最新醫療設備進行診斷。

因此，能夠確實的診斷現象。但是問題在於，這個診斷或病名是「結果」，而不是「原因」。

因為是處理結果的做法，即使暫時好轉，日後也會復發，也可能會引發各種問題。

很多醫師不了解「真正的原因」

上述是西醫的想法，而我認為疾病的原因如下。

不論哪一種疾病，都是因為飲食生活紊亂、承受壓力或兩者同時存在而發病。前述的疾病一定會引起腸的腐敗，這是真正的病因。

當飲食不正常或承受強大壓力時，腸內的益菌銳減，腐敗菌增殖，以致腸內腐敗（異常發酵），結果糞便變臭、腹瀉、糞便形狀異常、放臭屁。

像這樣，因為消化不良而造成腸內腐敗時，會使血液污濁、黏稠，紅血球相連（呈串連狀），同時會產生造成感染的紅血球，淋巴球（免疫球）減少，中性脂肪（三酸甘油脂）與膽固醇增加（參考照片①～④），最後造成感染病毒繁殖。

污濁的血液出現在心臟會引起狹心症，形成血栓就會造成心肌梗塞，或各臟器出現異常現象，引發癌症，或引起各種感染症。此外，TCA循環（檸檬酸循環）無法順暢運轉，酸釋出到肌肉，會形成強烈疼痛。

這是紅血球形成串連狀的結果，會產生內痔核、狹心症、白內障、梅尼爾氏病（耳性

（照片❶～❹）

觀察現代人的紅血球

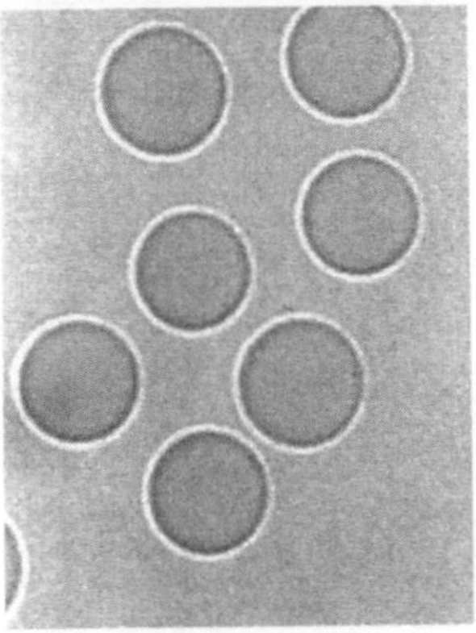

❶正常的紅血球狀態。每一個都是獨立的個體且形狀漂亮。

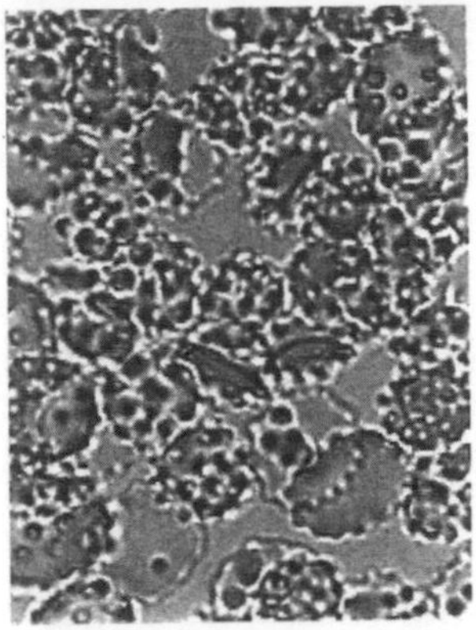

❸感染的紅血球（因為腸內腐敗而產生的紅血球）狀態。

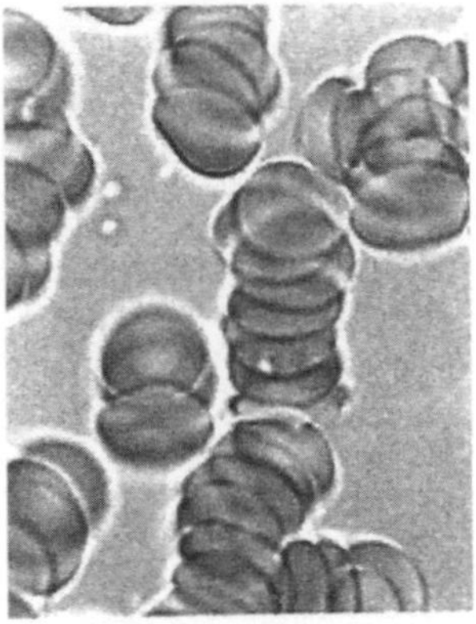

❷串連的紅血球狀態。

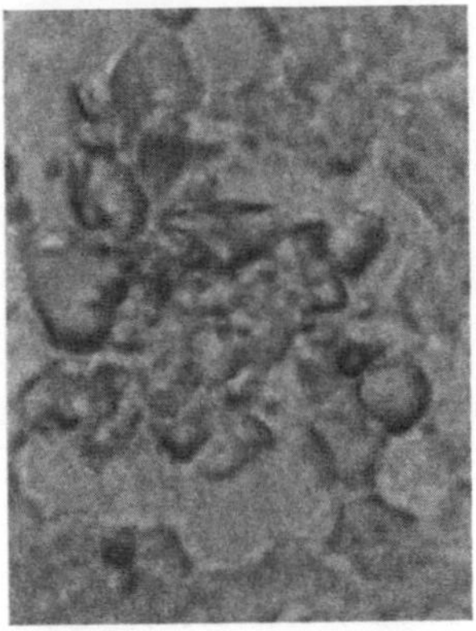

❹尿酸結晶塊（尿酸是引起痛風、腎功能衰竭的根源）。

眩暈病）、女性生理痛、生理不順、子宮肌瘤、靜脈瘤、四肢冰冷、全身各處疼痛或酸痛等疾病。

在引起血液污濁以前，腸內腐敗增加，也可能會出現胃炎或胃潰瘍。

因此可以說，幾乎所有的疾病都始於血液污濁。

疾病始於腸腐敗

簡單說明一下前述發病的經過。

飲食生活紊亂、壓力↓**腸內腐敗**↓**血液污濁**↓**出現各種疾病**

關於「所有的疾病都是以腸（大腸、小腸）為基礎而出現」的理由，只要觀察樹木就可以了解。

樹木是藉由根生於土壤而支撐全身，但是根不只是單純的支撐樹木的實體而已，根保持營養吸收細胞，經由土壤吸收營養，將營養送達全身。換言之，土壤是樹木的營養來源，根則是吸收營養的「吸收裝置」。

如果將此構造應用在人體上，那麼相當於樹根的部分在何處呢？相當於土壤的部分又是在何處呢？

以人類來說，營養吸收細胞就是「小腸」。

整個小腸有如海葵一般的腸絨毛叢生。小腸長約6～7公尺，內腔存在三千萬根腸絨毛。每根腸絨毛各存在五千個營養吸收細胞。因此，整個小腸有一千五百億個營養吸收細胞。

這個絨毛有如樹根一樣，從來到腸內的糊狀食物中吸收營養。樹根就是「小腸的腸絨毛」，土壤就是「小腸內」。

以人類來看，運送樹液吸收的營養的媒介就是「血液」。葉綠素是積存養分的物質，相當於人類的「紅血球」。葉進行與大氣的氣體交換，相當於人類的「肺或支氣管」。

土壤的存在具有很大的意義。在《為什麼植物能活五千年》這本書中有驚人的描述，筆者也對此書的記載深感訝異，因為樹木真的能夠活五千年以上。

但是，先決條件就是要擁有穩固的土壤。土壤是樹木的營養來源。如果土壤的營養被掏空，取而代之的是塞滿廚餘或農藥，那麼樹木就很難存活了。

人類的情況也是相同。相當於土壤部分的「小腸內」如果充滿腐敗菌，人類就會形成枯死、亦即生病的狀態。

在腸內，通過小腸、大腸存在著一百兆個細菌，有如花叢一般，稱為細菌叢。

細菌叢的細菌，其質量左右人體的健康。對人體產生好作用的細菌群稱為益菌，無法發揮好作用且積極作惡的細菌群稱為害菌。

益菌多、害菌少就是健康。反之，害菌多、益菌少就會出現各種疾病。亦即一旦害菌佔優勢，腸內腐敗菌增加就會引起腐敗。

腸內細菌叢的平衡很重要。主要的益菌包括乳酸球菌群、雙歧乳桿菌群（20幾種）。如果這些菌群佔大半，人類就能夠擁有健康的身體。

反之，魏氏梭狀芽孢桿菌、大腸菌（大腸菌也有好幾種）等害菌增殖，亦即腸內害菌激增、益菌減少時，病原病毒早就等著伺機而動，危害人體健康。

受到不好的細菌叢席捲的腸內呈現腐敗狀態，會放臭屁、排出惡臭的糞便。若置之不理，會使得氮殘留物亞硝基胺增加，成為大腸癌、胃癌、食道癌的根本原因。

同時，血液變得黏稠，全身出現疼痛等症狀，例如頭痛、肩膀酸痛、腰痛、頸部痛、背肌痛、流鼻水、打鼾、耳鳴、頭暈、四肢冰冷、流鼻血、腹瀉、便秘、生理痛、失眠等，也會引起各種疾病。

所有的癌症都是由此出發的。最近也知道引發風濕等膠原病的關鍵就是腸內腐敗菌。

引起腸內腐敗的「8大罪狀」

形成不良細菌叢的原因，就是如下所述的「不良的食物與習慣」。

❶抽菸的習慣

菸是百害無一利的代表毒物。

❷攝取白砂糖（日式或西式要心、零食、巧克力等）

白砂糖是可以和菸匹敵的毒物。

❸過量攝取惡性油脂（①氧化的油、②轉移型脂肪酸、③亞油酸）

亞油酸是必需脂肪酸，最好和α-亞麻酸以1比1的比率來攝取。不過，現代人卻是以亞油酸20比α-亞麻酸1的比率來攝取，結果當然會引發各種疾病。

❹過量攝取動物性食品（肉、魚、蛋、乳製品等）

肉、魚、蛋是必需補充的營養，但是其中充滿了使血液污濁的成分。完全沒有纖維，偏重於維他命、礦物質。高蛋白等內容物會產生氮殘留物，造成腸內腐敗。加上含有飽和脂肪，因此會形成動脈硬化（魚中所含脂肪為不飽和脂肪，但是具有易氧化的缺點）。

❺過量攝取加工食品

大部分的加工食品完全不含纖維，就算有，量也極少。結果、成為腸內宿便積存，引起腐敗。此外，添加物的毒素也是一大問題。

❻習慣攝取酒類、咖啡類

酒和咖啡都不宜過量攝取。因為會使得胃的分泌作用與神經反應混亂，導致消化排泄功能異常。

❼只吃加熱調理食物的飲食習慣

例如只吃加熱的蔬菜，不吃生的蔬菜。亦即無法從體內攝取酵素，結果，大量消耗體內的酵素而引發疾病。「壽命短最大的原因是只吃加熱食物」，這種說法絕不誇張。⑤的加工食品也是加熱食物。

❽投與抗生素等西藥

有時抗生素不只會殺死害菌，連益菌也會一併殲滅。長期大量使用抗生素，會造成大部分的益菌死亡，且具有抗性的害菌會不斷孳生。同時真菌（黴菌）增加，全身充滿黴菌。當然，病原病毒也會入侵。這時，免疫力會減退，引發癌症等重大疾病。西藥適合在緊急時短期間使用，要避免長期連續使用。

從腸開始的身體不適

英國國王的御醫亞巴斯諾特・雷恩博士說：

「所有疾病的發生，都是維他命、礦物質等特定的食物纖維或纖維質不足，以及自然的防衛菌（益菌）叢等維持身體正常活動所需的防衛物不足所造成的。至此，害菌侵入大腸繁殖，其產生的會污濁血液，慢慢的腐蝕、破壞身體所有的組織、腺體以及器官。」

美國的巴納德・詹森博士認為，治療腸的污濁就能夠恢復健康、年輕。他也認同雷恩博士的說法：

「身為外科醫師的雷恩博士，基於臨床經驗，證明腸與體內器官攜手合作，發揮功能。全身的健康寓於每個器官、組織的健康。一個組織或一個器官衰弱時，會影響全身。腸功能衰竭，也會傳染到身體其他器官。這就是從腸開始的骨牌效應。」

兩人的結論是：「腸（小腸與大腸）的腐敗是引起疾病的根源。」

我再三強調腸內就是土壤，依腸內狀態的好壞來決定健康與否。對腸內細菌叢造成最大影響的因子之一，就是「食物酵素的存在」。

3

營養學在現代社會的重要性

我的治療法（鶴見診所的基本治療法）

我在二〇〇一年三月從靜岡縣搬到東京並實施自由診療。第一個理由是我想要實施「不使用藥物的真正醫療」。

第二個理由是我會花很多時間在病人身上，來到東京後，我每天只預定診療七個病人。亦即每位患者要花50～60分鐘的時間來診治，而且是以難治疾病（癌症、風濕、氣喘等）為主進行檢查。

結果，被綜合醫院放棄的癌症患者多半能夠治好，真是令人欣慰。

現在我所進行的治療法，堪稱是正統的另類醫療。

內容是：

❶**徹底指導治療疾病的食物療法**

❷**指示攝取最好的營養食品**（尤其是最棒的酵素，以及強化免疫最具威力的蕈類製劑）

❸**物理療法**（使用遠紅外線治療機器或針灸等）

在本診所實施以上所有的方法。

使用這三個方法，幾乎疾病都能夠得到改善。

胃炎、腸炎、感冒、腰痛、頸部痛、膝痛、背肌痛、坐骨神經痛、鼻炎、氣喘、頭痛等，都能夠逐漸痊癒。

當然，癌症、風濕等慢性病大半也能夠好轉。

能夠治好，就在於從根源治療疾病的治療法。

就算營養食品有效，但是如果不正本清源，自癒力就會減半。治療的根源，正如第二章所述的「改善污濁的腸」。

要改善污濁的腸，第一個步驟就是要實踐鶴見式的半斷食。

繼斷食後，在飲食內容上還要攝取能夠治病的食物。這一連串的「改善飲食內容」，就是運用最新營養療法。

之所以說是「最新」，因為和一九八五年以前不同，目前絕對需要酵素與植物性化學物質（抗氧化物質）當成養分。不使用納入這些方法的飲食指導，就無法恢復健康。

我所進行的營養療法，就是盡使用酵素和抗氧化物質的方法，所以稱為「最新的療法」。

21世紀醫療的中心，即醫師與營養師都要學習這個既新且真實的營養療法，以此為基礎來指導患者。因為腸一旦沒有改善，就無法攝取真正好的營養，疾病當然也不會痊癒。

不改善原因（腸），就無法杜絕疾病的根源。我在去除腸的毒素（宿便）後，採用納入最新養分的飲食指導（包括半斷食在內），其理由就在於此。

另一方面，環視周遭，現在仍有許多營養師以計算熱量為主來進行營養指導。

美國的醫療急速改變

美國目前仍以西醫為主，不過，各種另類醫療增加，而且在醫學上擁有穩固的地位。事實上，「另類醫療」有很多種類。包括中醫（針灸、中藥、氣功等）、印度醫學（阿尤爾威達、瑜伽等）、食物療法、營養療法、想像療法、香草療法、芳香療法等。總之，西醫以外的所有醫療都稱為另類醫療。

在許多另類醫療中，美國醫師們注意到以往「到一九八〇年代為止」都不屑一顧的領域，亦即「營養學」。

最近，在美國開業的醫師大部分都學習營養學。其關鍵就在於「馬克加邦報告」。這是一份篇幅長達五千頁的報告書。結論是從各種立場來敘述「飲食生活紊亂是所有疾病的根源」。

繼一九七七年發表「馬克加邦報告」後，陸續調查「食物與疾病的因果關係」，各部門也持續進行研究發表。得到這些研究結果的醫師們，其意識都有極大的改變。

美國人發現的「大原則」

二〇〇〇年，我很慶幸有機會能夠與住在洛杉磯的荷爾蒙療法權威莫里斯・雷瓦博士談話。博士對我說：

「天然型荷爾蒙治療有效，但在此之前要知道，疾病的原因在於壓力和不良的食物。亦即要先從此處著手改善，否則無法治好疾病。」

博士是天然型荷爾蒙的研究專家。美國的醫師們或多或少都會像雷瓦博士一樣，注意到「檢討原因的學問，也就是營養學」。

雖然美國方面並非人人改變意識，但至少知識分子或上流階層的飲食生活意識出現極大的變化。

原因是，知識分子或上流階層較容易得到新的醫學資訊。

另一方面，貧困階層的人仍過著吃垃圾食品的飲食生活。如果這些人能夠得到正確的資訊。改變飲食，相信美國的癌症患者將會大幅減少。

自一九九〇年以後，美國國民的癌症罹患率開始逐漸減少，從一九九〇年～一九九五年間，每年平均減少0.7％，而死亡率則每年減少0.5％（參考表1、表2）。

雖然一九九五年以後的資料並沒有發表出來，不過，大部分的國民都已經注意到食物的重要性，相信在不久的將來，癌症人口會明顯的減少。

癌症的罹患率與死亡率的減少，表明「癌症是食原病（原因在於飲食）」。

不只是癌症，所有疾病的元兇都在於飲食。美國人注意到「不良飲食會形成癌症（疾病），改善飲食生活就能夠防癌（疾病）」這個與疾病有關的大原則，堪稱是劃時代的發現。

美國的「大量訴訟」能夠證明一切

在某些方面，美國算是一個奇特的國家。一旦明白癌症的原因後，就出現關於癌症方面的各種訴訟。代表性的是菸的訴訟。

「罹患肺癌的人多半是老菸槍。但是，不曾看過任何提及吸菸過度易得肺癌的警告標語，因此，持續多年抽菸，結果罹患癌症。」

像這樣而提出訴訟，結果獲判勝訴。這種判決震驚國內。

最近，美國又流行「垃圾食品訴訟」。

所謂垃圾食品，就是指洋芋片、漢堡等速食品。「每天攝取會導致肥胖、生病」，因而向業者提出訴訟。

幾經纏訟之後，最後消費者獲得勝訴。

對此，國人的想法是「只要自己不吃就好了」，但是美國人的想法則是「不可販賣有毒的東西，買方是無罪的」。

類似這種訴訟案層出不窮，由此可知，「菸和垃圾食品是罹患癌症的原因」。

垃圾食品與致癌物質

「垃圾食品具有強烈的毒性，對身體不好，大量攝取引發疾病。」這是以前的說法，最近則以科學方式說明其對人體產生的危害。

二○○二年五月，英國品標準局（FSA）發表研究結果，說明「用油炸的洋芋片、什錦果麥等穀物零食，含有大量致癌物質丙烯醯胺」。

實驗是，生的洋芋片不會產生丙烯醯胺，但是炸過的洋芋片中會出現丙烯醯胺。亦即用高溫油炸後，會產生致癌物質丙烯醯胺。

瑞典也進行相同的實驗，並於二○○二年四月公開發表相同的結果。

瑞典國家糧食局認為「一包洋芋片中所含的丙烯醯胺濃度為WHO標準的五百倍，速食店的炸薯條含有為標準一千倍的丙烯醯胺」（英國接受這項發表，對內容進行檢討）。

丙烯醯胺具有強大的致癌性，根據國際癌症研究機構的規定，在五階段中它是屬於第二高，亦即為2-A級的致癌物質。

以洋芋片為代表，這類垃圾食品的特徵即多半用油炸，除了丙烯醯胺以外，還含有其他一些致癌性物質。

為什麼東西一旦經過油炸就會產生致癌物質呢？關於這一點，目前無法完全了解，不過推測原因如下。

元兇是氧化的油（過氧化脂質）以及轉移型油。像油炸洋芋片等食品，從製作完成到食用為止，經過很長的時間，這段時間內，油會氧化，因而直接接觸到「活性氧」與「自由基」之害。所以，氧化物會危害身體。

另一個原因是轉移型脂肪酸造成的弊端。轉移型是指非天然型（人工型）的油脂，會破壞細胞，十分可怕。人造奶油（乳瑪琳）中含有很多這種物質。其次，用油炸食物時，也會出現這種脂肪酸。

氧化且含有轉移型油的食品，就是垃圾食品的實體。像這樣，會出現丙烯醯胺也不足為奇。不只是丙烯醯胺，還發現到其他許多「食物與疾病的因果關係」。

因此，美國政府、醫療相關人員及國民都開始正視食物的重要性，認為預防疾病的對策，應該是將重點置於食物或食物中的養分（例如抗氧化物質）上。

4

剖析「酵素」

何謂酵素？

大部分的人都認為「酵素」是一種洗劑。也許是吧！不過在不久前洗劑中並沒有酵素。

昔日是以利用肥皂等鹼性物質來進行中和的洗劑為主流，若不大量使用，就無法去除污垢。直到一九八七年，某種牌子的洗劑中加入酵素，雖然少量，卻能夠有效去除污垢，從此以後，大部分的洗劑中都含有酵素。

電視也大肆宣傳「含有酵素的洗劑具有強大威力」，因此讓很多人將酵素與洗劑聯想在一起。

以往是使用肥皂或界面活性劑（肥皂、洗劑的主要成分）來去除污垢，但是加入酵素後，就能夠迅速、有效的去除污垢，因此含有酵素的洗劑瞬間流行。

那麼，難道酵素的特性只是去除污垢而已嗎？

當然不只如此，當成洗劑只是酵素的一部分用途而已。結論是，所謂酵素是本質上影響人類壽命唯一且最重要的養分。

很多人都認為壽命天注定。但事實上你的壽命是掌握在酵素上。巧妙將酵素納入體內的人更能長壽。

四千年前的巴比倫帝國，位於底格里斯河和幼發表底河附近，也就是在二〇〇三年發生戰爭伊拉克附近。當時沒有沙漠，是綠意盎然的地方。

據說巴比倫時代的人類平均壽命為二鳥日歲，這是許多調查機構基於巴比倫時代的骨骸計算出來的結果。如果這是事實，那麼為什麼他們能夠如此長壽呢？答案是他們只吃含有酵素的食物。但為什麼只吃含有酵素的食物就能夠使壽命倍增呢？

答案稍後為各位揭曉，在此我要先說明的是，光吃沒有酵素的食物，壽命會減半，甚至只有三分之一，這是根據最近的醫學研究得知的事實。

不存在酵素就無法存活

人類為了生存而吃食物。食物中所含的養分被吸收到體內後轉換為熱量。這個熱量可以成為展現行動的能量，或擊退疾病時的免疫能量。補給這些養分，對我們的生命活動言是不可或缺的。

尤其是身體攝取三大營養素「蛋白質、脂肪、碳水化合物」後，成為支持生命活動的主要能量。若以汽車來比喻，這些養分就相當於汽油。

汽車光靠汽油無法奔馳，而人體光靠養分也無法活動。我們的身體要將養分這些燃料（材料）適當的分解、消化，才能夠展現活動。而負責在身體各處產生代謝活動中發揮催化作用（變換作用）、類似作業員的物質，就是「酵素」。「酵素」相當於汽車的電瓶。會仔細分析攝入體內的食物養分，將必要的東西進行「同化（消化、吸收）」，再配合各種行動進行「異化（能量轉化）」。

換言之，所謂「酵素」，就好像是「使生命活動順暢進行的作業員」。因此，沒有酵素的存在，我們也無法存活。

對生物而言，「酵素是維持生存活動的根源」。

生命活動的「代謝」，就是一連串的「同化（消化、吸收）」與「異化（能量的消耗、殘留物等的排泄）」活動，藉著「酵素」發揮作業員的作用，才能夠持續進行這些活動。

以蓋房子為例，「酵素」就相當於工人，要用水泥建造牆壁、在地面貼瓷磚、鋪地毯、隔間，同時也要埋水管、進行排水工程等。想要打造一個家園，擁有這些素材及技巧熟練的工人是很重要的。

我們的身體也是如此。長年久住的房子，要做好防漏對策、重貼壁紙等，需要經常修補，這時，材料和工人是必要的。材料就相當於身體的養分，利用這些養分重新擁有理想「生命」的，就是扮演工人角色的「酵素」。

體內的「潛在酵素」與外部的「食物酵素」

在體內發揮作用的酵素大致分為兩種。一種是「代謝酵素」，另一種是「消化酵素」。「消化酵素」的作用就是幫助食物消化。這種「消化酵素」以外的酵素，總稱為「代謝酵素」。負責讓腸道吸收的養分透過血管運送到各器官，轉換為熱量，進行生命活動，亦即進行這一連串的化學反應。

豪爾博士稱存在於體內的酵素為「潛在酵素」，而存在於生的食物中、由外部攝取的酵素稱為「食物酵素」。

前面提過，動植物等有生命的生物體內一定存在著酵素。換言之，我們在不知不覺中會從植物或動物那裡攝取「食物酵素」。

如圖1所示人類為了維持生命，必須要藉助在體內製造潛在酵素「代謝酵素」、「消化酵素」的功能。藉著消化酵素的功能，活用消化、吸收養分，使得代謝酵素正常發揮作用，就能維持身體健康。

所有的器官、組織中，都存在著獨自運作的「代謝酵素」。根據調查報告顯示，光是

（圖 1）

酵素的種類

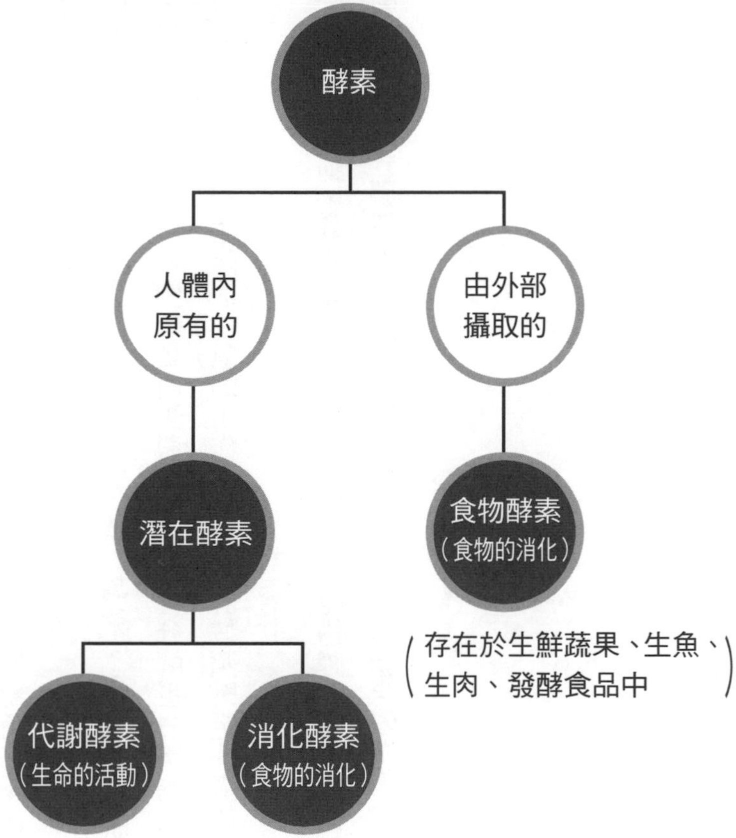

※ 潛在酵素在一生中只能製造出一定的量。相當於汽車的電瓶。

在動脈中就發現98種不同的代謝酵素，而在心臟、腦、肺、腎臟等各處，也存在著不同作用的代謝酵素。

這些臟器中各自存在著數千種酵素，到底存在數目為多少，目前不得而知。酵素各自進行自己的工作。例如蛋白酶消化酵素進行分解蛋白質的工作，SOD（超氧化歧化酶）代謝酵素進行去除活性氧的工作，各酵素群按照既定的責任分擔完成自己的工作。

亦即能否健康的活動，就要看這些代謝酵素群是否能夠確實的發揮作用。若能阻絕來自外界的妨害，體內充分製造出代謝酵素並順暢的使用，就能夠遠離疾病。

三大營養素沒有酵素就不能夠消化

代謝酵素不足，會危害健康，引發重大疾病。一九三〇年，確認八十種代謝酵素的存在，到了一九六八年，發現一千三百種，而到目前為止，已知有幾千種代謝酵素。

總之，這些代謝酵素能夠使身體正常運作，抗老化並促使疾病或傷口早日痊癒。

要使代謝酵素順暢的發揮作用，就要正確消化、吸收食物中所含的養分，負責這項任務的是消化酵素群。在體內發揮作用的代謝酵素很多，其中負責消化三大營養素（蛋白質、脂肪、碳水化合物）的代表性消化酵素，分別為蛋白酶、脂肪酶與澱粉酶。

在體內發揮作用的消化酵素群種類繁多（參考表3），是由胰臟、肝臟等製造出來。而腸內細菌也會對酵素反應造成極大的影響。在此簡單說明酵素的具體作用。

食物經口進入體內後，利用由唾液分泌的α－澱粉酶消化酵素首先消化食物中所含的碳水化合物，開始進行消化作業。其次，當食物到達胃後，胃蛋白酶和胃酸分工合作，消化蛋白質。

三大營養素從口中進入到小腸為止，在各處藉著各種不同的消化酵素被分解、消化。

（表 3）

在體內產生作用的主要消化酵素群		
身體部位	消化營養素	酵素名稱
口	碳水化合物	α－澱粉酶
胃	蛋白質	胃蛋白酶
小腸	碳水化合物	澱粉酶、蔗糖酶、胰蛋白酶、胰凝乳蛋白酶等
	蛋白質	胰蛋白酶、胰凝乳蛋白酶、羧肽酶等
	脂肪	脂肪酶

※ 依身體部位與消化營養素的不同，使用的酵素也各有不同。

然後幾乎所有的養分都被分解、轉換為分子程度，由小腸的小孔吸收。

一般來說，補充營養是以三大營養素為主，也就是要攝取9種氨基酸、13種維他命、19種礦物質。在每天的飲食生活中能夠攝取到這些養分，才是理想的飲食。

由小腸吸收的養分透過血液，藉著與代謝酵素之間的相互關係，變成內臟、血液、骨骼，同時成為身體免疫力。這個過程稱為「新陳代謝」。人在一生中會以細胞分裂的形態不斷的進行這個作業。

能夠完成這些工作，就是藉著酵素作業員的幫忙。再好的養分，一旦缺乏酵素就無法發揮作用。亦即「酵素是支援所有養分的物質」。

發現酵素之路

一七五二年，法國生理學家雷歐瑪發現塞在金屬管中的肉溶解了，但他不知道原因為何。

一七八五年，義大利的拉札洛・斯帕朗采尼將肉片放入有洞的空金屬筒中餵食老鷹，不久後取出金屬筒，發現裡面的肉溶解了。

但是他並不知道為什麼肉會溶解，因此持續數十年進行實驗。後來發現具有溶解肉的作用的物質，並將其命名為胃蛋白酶。他就是蛋白質分解酶的最初發現者。

一八三三年，法國的培安和培洛里將磨碎麥芽的液體作用於澱粉，結果發現澱粉被分解，於是將這個分解澱粉的物質命名為 **Diastase**，也就是現在所謂的澱粉酶。

後來，**Diastase** 在法國成為用來表示所有酵素的名稱。

一八三六年，德國盧萬大學教授休汪在進行胃液實驗中，發現胃液中存在著具有溶解肉的作用的物質，這個物質一旦遇熱就會失去作用，只有在強酸狀態下才會發揮作用。

這個在胃液中能夠溶解肉的物質，將其命名為胃蛋白酶，後來又陸續發現很多酵素。

只要少量的酵素就能夠對大量的物質產生作用，其反應是在水中會活化，在接近中性的pH值、攝氏37度左右時，反應最為活化（胃蛋白酶例外，在強酸下產生作用）。

「酵素」這個名稱使用，始於十九世紀後半，英文是enzyme。在希臘文中，enzyme的意思是「在酵母中的東西」，這是一八七二年由居尼所提出的。

酵母中含有製酒時用來發酵的微生物，也就是酵素。

就算使用碾碎的酵母代替活酵母，仍然能夠讓酒精發酵，這是布夫納兄弟最早發現的，但是卻不知道酵素是由什麼東西構成的。

一九二六年，美國生物化學家索姆納（J. B. Sumner, 1887～1955）成功的從刀豆中萃取出脲酶結晶。事實上，這個結晶是蛋白質。索姆納萃取出蛋白質分解酶胃蛋白酶，以及胰液的蛋白質分解酶胰蛋白酶，還有蛋白質結晶胰凝乳蛋白酶。

酵素的實體是蛋白質，一九四六年，索姆納和美國物化學家諾思羅普（J. H. Northrop, 1891～1987）因此而獲得諾貝爾化學獎。分享同年諾貝爾化學獎的另一位得主是美國生物化學家、病毒學家斯坦利（W. M. Stanley, 1904～1971）。

此外，蛋白質的分子是由一連串的氨基酸形成的巨大分子，分子是從一萬到數百萬，氨基酸的數目則從一百個到數萬個連結而成。

蛋白質是酵素的實體，但卻不是本質，只不過是酵素的骨骼而已。

「酵素是蛋白質」的錯誤想法，使得酵素營養學的研究遲遲未有進展。

索姆納認為「酵素是蛋白質」因而獲得諾貝爾獎，結果卻產生了「攝取蛋白質就可以攝取到酵素」的誤解。以此為基礎，其後的六大營養素中就沒有包括酵素在內了。

酵素的定義

六大營養素是指蛋白質、碳水化合物、脂肪、維他命、礦物質和纖維這六種，再加上水，就成為七大營養素。

維他命是輔酶酵素的輔劑，也就是屬於酵素的孩子，身為父母的酵素卻未被納入七大營養素中，實在令人不解。

這是因為索姆納發表「酵素的本質是蛋白質」，扭曲了酵素的本質，再上巴布金教授提出「酵素可以無限製造出來」的錯誤理論，使得正確的酵素研究正如豪爾博士所言「延遲了50年」。

酵素的本質不是蛋白質。的確，酵素有蛋白質圍繞，但這只是外殼而已。真正的酵素是以蛋白質為骨骼而存在的「生命力」。如果蛋白質是本質，那麼　素（荷爾蒙）也算是蛋白質了。

後來，確認酵素具有「在生物體內產生化學反應的觸媒」的作用。化學反應觸媒的概念，是一八三七年由瑞典的貝爾塞里斯提出的。

「酵素是觸媒」的概念並沒有錯，但並不代表酵素所有的作用。因為酵素是活的，加熱到攝氏48度以上時就會死亡。所以它不能夠算是「純粹的觸媒」。

結論是，「酵素存在於酵母中，是以蛋白質為骨骼、具有觸媒作用的生命力」。

那麼，何謂「觸媒的作用」呢？

酵素會對某種特定物質產生作用，使其進行特定反應，這就是「酵素的特異性」。

我們每天會進食多次，食物的種類也各有不同，但是不論吃什麼，體內的酵素都會配合食物的性質來發揮作用。

吃飯的話，就會出現澱粉酶這種溶解主要成分澱粉的酵素。

澱粉酶發現葡萄糖相連時，會將其分解為澱粉，但卻無法分解纖維素。經口攝取蛋白質時，會出現蛋白酶這種將蛋白質分解為氨基酸的酵素。

攝取脂肪（脂質）時，則由脂肪酶發揮作用，將其分解為多元的乙醇和脂肪酸。

在人體內，酵素會配合食物的種類產生特異反應。數千種酵素各自進行不同的反應。

原則上，一個反應存在一個對應的酵素，數千種反應同時進行。

酵素會對特定的「受質」物質產生作用，進行特定的化學反應。它就是具有這種優秀能力的「活觸媒」。

酵素的大小為1毫米的百萬分之一

所有存在於地球上的生命體一定有酵素。酵素是由蛋白質所構成，而蛋白質是由20種氨基酸所構成。

存在於地球上所有的生物，都擁有由4種鹼基構成的基因DNA。這4鹼基中，鳥糞嘌呤與胞嘧啶、腺嘌呤與胸腺嘧啶2條鎖鏈間互相結合形成螺旋構造。DNA是鹼基化合物，亦即是磷酸與糖結合而成。4種鹼基排列的方式，可以形成不同的氨基酸。氨基酸成為酵素的外殼，製造酵素的設計圖則是基因（DNA）。

書寫在基因內的密碼，決定製造酵素的氨基酸的排列順序。

酵素大小依種類的不同而有很大差異，約為5～20毫微米。1毫微米是1mm的百萬分之一的長度，即使用顯微鏡也看不到。形狀為球狀，存在於DNA的構造上。

酵素的反應速度極快，為10的七次方～二十次方倍，亦即具有產生加速反應（消化）的觸媒作用的速度為手工作業的100萬倍（10的七次方倍）。

換言之，通常要花一千萬小時產生的反應，酵素只要花一小時～一分鐘就可以完成。

酵素的本質永遠是個謎嗎？

目前已知「酵素是被蛋白質覆蓋的生命物質」，關於「為何會產生生命現象」這一點，長久以來一直是個謎。

但是現在已經逐漸了解，酵素的本質在於基因物質的實體，亦即一九四四年，美國的亞威里發現稱為ＤＮＡ的物質和酵素的本質相對應。

酵素對於某種菌（例如大腸菌或雙歧乳桿菌）會依基因的決定輸入特定的基因，產生大量的「酵素製劑」。停留在菌中的酵素稱為菌體內酵素，通過菌的細胞膜而排出於外的則稱為菌體外酵素。

但光是如此仍無法完全了解酵素的本質，因為未能解答酵素的生命力到底從何而來。酵素具有生存在由基因描繪出設計圖的氨基酸內的力量。但是，這個生存的力量到底是什麼，可能永遠都是個謎團。不過，就算是留下謎團，酵素具有驚人的力量，這是無庸置疑的。

豪爾博士並未將酵素當成化學物質，而將其視為人類必需養分之一加以研究，對臨床

酵素營養學的先驅
艾德華・豪爾醫學博士（1898～1986）

醫學極具貢獻。本書的大綱，多半是基於愛德華・豪爾博士的研究而寫成的。

豪爾博士生於一八九八年，一九二四年取得醫師執照。一九二〇年在林德拉療養院六年的服務經驗，使他了解酵素的重要性，持續50年研究酵素營養學。

一九四六年出版《Food Enzymes for Health and Longevity（健康與長壽的食物酵素）》，一九八五年出版了所有的結論《Enzyme Nutrition（酵素營養學）》。當時博士已有87歲的高齡。

人類的健康與長壽到底和酵素有多密切的關係呢？酵素是不可或缺的物質嗎？經由豪爾博士長年的研究，終於證明這些理論。豪爾博士堪稱是酵素營養學的先驅。

5

「酵素」決定壽命和老化！

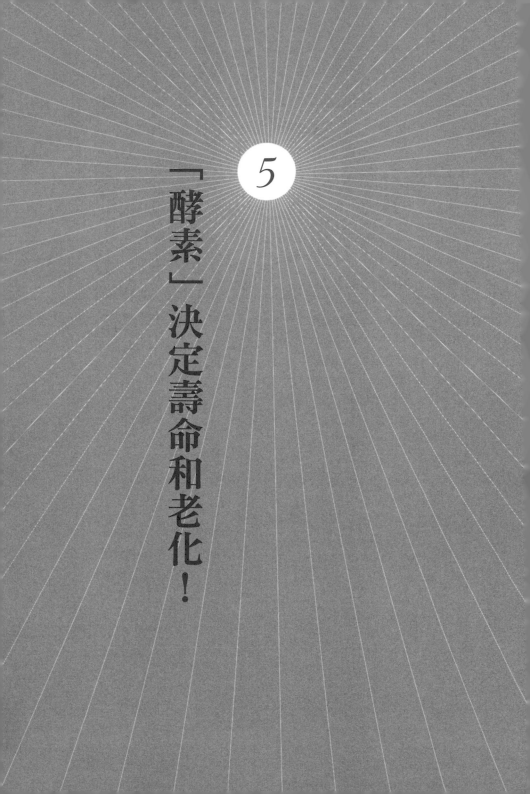

體內酵素決定壽命

豪爾博士對於「酵素營養學的原理」有如下的敘述。

「人類壽命與有機物潛在酵素的消耗度成反比。若能夠增加食物酵素的利用，即可遏止潛在酵素的減少。」

人類體內的潛在酵素不可能永遠不斷的製造出來，其消耗度（過量生產）會對生物的壽命造成極大的影響，但是若能夠藉著攝取食物由外部補充酵素，就可以遏止潛在酵素的減少。

當體內的代謝酵素無法順暢發揮作用時，就會產生病因。以往的觀念認為因為生病所以酵素才會減少。不過，今後的解釋將變成「因為酵素減少所以才會生病」。

但是很多專家不認同「體內酵素的製造力有限」的說法。前面提及，要測定生命能量的酵素並不容易，再加上每個人的體質不同，會因狀況而改變，也會因為精神狀態而使體內產生變化。

例如承受極的壓力或經過一段時間後，體內的「pH環境」會產生變化。酵素發揮作用的體內環境，分為酸性、中性、鹼性，依環境的不同，酵素活性也不同。

因此，事實上存在著許多會影響酵素活性的因季。豪爾博士除了提出大量的資料及證據外，也透過自己的治療經驗證明酵素營養學，備受注目。

人上了年紀後容易生病。年輕時就算稍微勉力而為，只要休息一個晚上，體力就能夠迅速復原。但是過了中年後，即使獲得足夠的睡眠，疲勞也不易消除。

一般人可能會認為「年輕時過勞，所以老年才會這麼衰弱」。的確如此，因為一生定量的酵素一旦大量被消耗，就會變得不足。

要重視這個事實，不要過度酷使肉體。若忽略潛在酵素的過度消耗，則在必要時代謝酵素就無法充分發揮作用。

酵素製造能力減弱導致體力衰退

幾乎沒有人知道食物的消化等體內產生的內臟衰退，連帶的會導致酵素製造能力減弱而生病。

芝加哥邁可里茲醫院的梅亞博士發表研究報告，指出年輕人唾液中的酵素比69歲以上的人多30倍。

西德的艾卡德博士檢查一千二百人的尿液，發現澱粉酶消化酵素（消化碳水化合物）年輕人平數值為25，年紀大的人只有14。

亦即消化酵素的數量會隨著年齡增長而減少。能夠生存至今，可見體內製造的酵素量何其龐大啊！

消化食物所消耗的酵素，或成為免疫力、在生病時相當活躍的酵素，以及能夠擊退體內殘存活性氧的酵素，或是看、聽、觸摸、說話等的酵素反應，這些不勝枚舉的酵素，直到現在仍然在我們的體內製造出來，而且展現活躍的行動。

隨著年齡增長，其製造能力逐漸到達限度。人只要生存，就會維持一定的酵素製造能力。

豪爾博士基於酵素營養學的觀點，說道：「體內酵素很快就消耗殆盡或還能夠保存，或是能夠加以重視來使用，會對長壽與健康造成極大的影響。」

這可以用「酵素銀行」的存款來比喻。亦即人在生存時擁有「一定的酵素存款＝潛在酵素（一生中既定量的製造能力）」，持續使用存款的人，很快就會破產。

相反的，能夠一邊保存原有的潛在酵素，同時又可以藉由飲食生活將酵素存入帳戶裡的人，就能夠得到長壽。

人體是以營養素為材料，藉由酵素這個作業員的角色來構成。人體內日以繼夜的製造代謝酵素，為了維持生命而充分活動，攝取食物，就能夠製造出消化活動所需要的酵素。

酵素的製造有限度

再次整理前面用錢做比喻的說法。請想像一下印刷紙幣，二仟元大鈔是消化酵素，仟元大鈔是代謝酵素。製造紙幣需要墨水、紙、印刷機。以人體來比喻，墨水、紙相當於養分。印刷機則是胰臟、肝臟、腸內細菌等。

印刷機日以繼夜的運轉，製造出仟元大鈔代謝酵素。攝取食物時，能夠一併製造出二仟元大鈔消化酵素。

配合必要時，代謝酵素、消化酵素都會被製造出來。亦即代謝酵素、消化酵素這些紙幣的確可以陸續製造出來，但同時印刷紙幣的金額也有其限度存在。

此外，因食物種類的不同，有時必須大量製造出消化酵素。

這時候的問題是，現代人的飲食生活習慣無法大量製造出消化酵素，結果可能阻礙代謝酵素的製造。

年輕時還不易察覺，但是上了年紀後，會明確的感覺到差距很大。原本只要順暢的製造出代謝酵素，自體免疫力就能夠正常的發揮功能，保持不易生病的體質（參考圖2）。

（圖 2）

消化酵素與代謝酵素的製造平衡

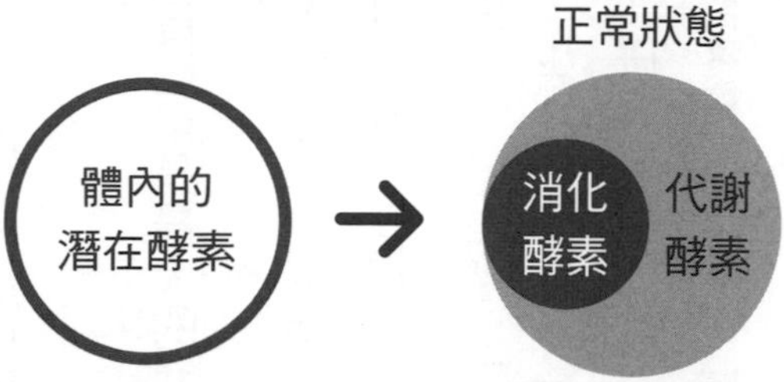

潛在酵素包括消化酵素與代謝酵素。一生中可以製造出來的酵素量已經決定好了，因此要注意消化酵素與代謝酵素的製造平衡。

〔吃不含酵素的食物時〕

為了製造大量用來消化的消化酵素，因此，代謝酵素的製造量不夠，造成代謝酵素不足。

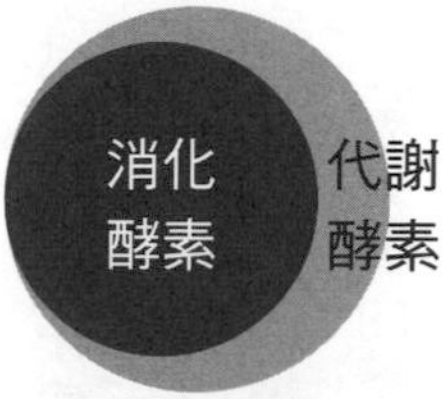

〔吃含有大量酵素的食物時〕

可以節省體內的消化酵素，充分製造出用來治療身體的代謝酵素。

缺乏酵素的原因與對策

(1)蛋白質過量是最大的元兇

造成酵素缺乏最大的原因，就是「攝取過多的蛋白質」。

關於蛋白質的問題稍後會有詳述，在此簡單說明。

例如吃牛排時，牛排無法完全被分解，會留下很多氮殘留物（氨基酸的結合物）。這個氮殘留物，也就是蛋白質碎片（消化不良的結果）會被送入血液中。

美國許多研究機構都證明蛋白質碎片分子會引起各種疾病（慢性病、癌症、膠原病、關節炎、其他疼痛、腎臟病、肝病、所有的過勞等）。

蛋白質分解不良，會引起腸內腐敗，結果，直接造成寄生蟲繁殖、大腸炎、胃炎、膽囊膽道炎、胰臟炎、胃腸病、食道炎、憩室炎、肝異常等內臟疾病。

蛋白質分解不良，也會對免疫系統造成極大的影響。蛋白質的碎片（氮殘留物）與腸內產生的免疫物質附著在一起，就會製造出特殊抗體。

一旦這個特殊抗體型對腎臟造成負擔，就會引起自體免疫疾病、白血病或某種神經疾病（例如多發性硬化症）。

就算不會引起這些疾病，但是免疫力大幅減弱，也會成為各種疾病（較輕微者如流行性感冒、傷風等）的根源。

(2)白砂糖破壞身體的防護牆

在美國「酵素的研究」相當進步，最近，則發表關於「腸道滲透性亢進」的報告。

通常，消化不良的蛋白質碎片無法通過腸壁或胃壁，腸道只讓微分子（以蛋白質而言就是氨基酸，以脂肪而言就是脂肪酸，以碳水化合物而言就是葡萄糖）通過。

人類的腸壁為了避免身體不需要的物質通過，因此存在防護牆以保護身體。但是在某些條件下，仍然會讓較大的分子通過。

這就是「腸道滲透性亢進」。引起這個現象的直接原因是腸發炎，不過，引起發炎的物質卻是白砂糖、肉、魚、蛋等。

腸發炎時，平常不易通過的較大分子（例如蛋白質碎片多肽＝氮殘留物）就能夠通過。通過的碎片在血中成為異物，抗體會吞噬異物加以處理，結果就引起了過敏。

過敏（氣喘、異位性皮膚炎、過敏性鼻炎）與腸的狀態有很大的關係。

蛋白質碎片造成腸內腐敗，當然會伴隨出現便秘、腹瀉、惡臭便、放臭屁（腐敗氣體）等現象。出現這些症狀時，要減少攝取蛋白質。由此意義來看，這些症狀能夠做為攝取食物的依據。

造成腸道滲透性亢進的食品，包括白砂糖、高蛋白食物、解熱鎮痛劑、高鹽分等，這些都是經由實驗證明的事實。

(3) 消化不良的原因在於胃酸不足

很多人認為消化不良的原因在於胃酸過多，但事實上正好相反，幾乎都是因為胃酸不足而引起。

胃酸的主要成分鹽酸，是胃蛋白酶原變成胃蛋白酶。這是分解蛋白質的酵素。胃酸（鹽酸）太少時，蛋白質的分解就會減少。

制酸劑、胃是抑制胃酸（鹽酸）的藥物，感覺暫時有效，但是反而會助長消化不良。結果，會引起腐敗的疾病，所以要避免經常使用制酸劑或胃藥。

缺乏胃酸（胃下方的鹽酸不足）時，會引起腹脹、放屁、便秘、腹瀉等症狀。

這些消化系統症狀，會成為重病、難治疾病、慢性病的出發點。因此，在出現狀時要立刻處理。具體而言，要實行半斷食，同時攝取酵素營養食品，藉此才能夠恢復正常的胃腸狀態。

(4) 利用食物纖維促進排便

除了酵素外，多攝取食物纖維對健康而言也很重要。攝取食物纖維具有如下的效果。

●能夠增加糞便量，讀暢排便。
●增加糞便量就能使腸內細菌正常化。
●減少腸內腐敗菌。
●能夠吸收必需、良好的養分。

這些效果能夠創造健康的身體。

多攝取食物纖維，首先腸內益菌會產生反應。纖維無法被人體收，會形成便塊，只有好的養分會被吸收。

但是如果不充分咀嚼，就不會產生酵素反應，而會形成異常發酵的現象，在腸內產生大量的氣體。充分咀嚼時，口中的唾液澱粉酶或澱粉酶等消化酵素會增加以幫助消化。

老化的原因

在酵素營養學發表之前，關於老化的原因眾說紛紜。例如神經內分泌說、壓力說、免疫說、基因程式說、體細胞突變說、基因轉譯說、廢物蓄積說、自由基說、ＤＮＡ異常說等，各種說法紛紛出籠。另外也有「酵素存在」的想法。這是因為知道酵素能夠在體內製造出來，而且一生能夠維持特定量所致。

老化是指一生中一定的潛在酵素減少所引起的身體消耗。與其他因素相比，酵素和老化的關係更為密切。

想要讓自己外表看起來比實際年齡更年輕且不易生病，就要力行以下9個原則。

◎抗老化的9大原則

①每天每餐都要攝取含有酵素的食物（尤其是生鮮蔬果）。

②避免攝取會引起老化的食物（即熱食物、加上食品、白砂糖〈甜點、零食等〉、氧化的油、轉移型油脂、肉與蛋的過量食用）。

③擁有深沈、優質的睡眠（讓酵素得以休息、保存）。
④晚上八點後丕用進食（非吃不可時，可以少量攝取易消化的食物）。
⑤早餐只吃酵素較多的水果。
⑥每餐飯後與睡前要攝取酵素營養食品。
⑦每天多走路、適度的運動、適度流汗。
⑧一天2～3次排出質佳、最多的糞便。
⑨避免壓力積存。

此外，可以注射或服用天然型荷爾蒙。攝取SOD食品、維他命、礦物質、抗氧化物質等營養食品也不錯。

我認為沒有任何東西比得上含有酵素的營養食品。酵素營養食品包含一切，是十分有效的恢復青春物質。所謂「包含一切」，是指其中不只含有酵素物質，也含有抗氧化物質、礦物質、維他命（一部分）。而最有效的抗氧化物質就是酵素。

任何人都會老化。年紀大了之後，出現各種症狀，酵素製造能力衰退，儲存的酵素日益減少。能夠加以預防的最佳物質，就是酵素營養食品。從年輕時就使用酵素營養食品，能夠延緩老化。

酵素不足引起的症狀和疾病

缺乏酵素，與體內維他命、礦物質的作用有關。幾乎所有的微量營養素都和蛋白質，或蛋白質混合微量營養素而互相結合在一起。

沒有消化酵素、胃酸或腸液，就無法分解這些物質。亦即隨時隨地都必須存在酵素。

◎缺乏（消耗）酵素引起的症狀

缺乏（消耗）酵素時，會引起如下的症狀。

- 飲食後嗜睡、消化不良、經常放屁
- 腹脹、腹部痙攣
- 胃痛、胃脹、噁心、胃的不適應
- 腹瀉、便秘、惡臭便
- 飯後的倦怠感
- 食物過敏、異位性皮膚炎、氣喘

●胃灼熱、胸痛
●頭暈、肌膚乾燥
●生理痛、生理不順
●肩膀酸痛、頭痛、失眠
●痔瘡

◎缺乏酵素直接引起的疾病

一旦酵素不足，會頻頻出現前述症狀，然後逐漸演變成以下的疾病。

●急性或慢性胃炎
●膀胱炎
●急性或慢性大腸炎
●膀胱纖維症
●急性或慢性胰臟炎
●逆流性食道炎
●急性或慢性膽囊膽道炎
●心律不整
●胃酸減少症
●動脈硬化
●梅尼爾氏病（耳性眩暈）
●花粉症（鼻炎）
●痔核
●不孕症

- 支氣管炎
- 風濕
- 氣喘
- 白內障
- 孕吐
- 卵巢囊腫
- 癌症

一味攝取加熱食物，體內酵素過度消耗，就會引起食物消化不良。

人體會使用身體的治癒系統來幫忙處理這些狀況，結果使得免疫力減弱。

直到最近才知道，「現代食物過敏的最大原因在於缺乏酵素」。使用會造成酵素不足的食物或吃法，當然會使酵素不足而引發過敏。

頭、腰、關節疼痛的理由

「研究酵素」的結果，認為罹患肝病、高血壓、動脈硬化、過敏、結核、糖尿病、心臟病、腎臟病、風濕、肥胖等疾病，都是因為細胞內的酵素濃度極低所致。

肥胖者中，有的是因為脂肪分解酶減少而肥胖，有的是因為澱粉酶的濃度較低而出現肝病。

食物過敏的人，血中的酵素濃度也會降低。

瑞典某研究所的研究員，進行用加熱調理的食物飼養動物的實驗，結果顯示動物（老鼠等）在年輕時能夠順利成長，但是成熟後就會開始急速老化，同時因為罹患多種疾病（尤其是變質難治疾病）而早死。

相反的，給予生的食物，則能夠延緩老化，同時也不容易得難治或罕見的疾病。

野生動物所攝取的食物，是以含有大量生的酵素的生食為主，因此不會罹患重病或慢性病。

孕育萬物的大地生產很多新鮮的蔬果，人類和動物能夠充分運用。不過，人類卻製造出砂糖這種非自然物質，也製造出並非自然藥的化學藥品，同時攝取加工食品、加工點心（尤其是零食），再加上垃圾食品氾濫，成為自己製造出疾病的生物。

關節痛（膝、腳、手、軀幹、頸部）、腰痛、坐骨神經痛或頭痛，根本原因就在於缺乏酵素。疼痛是因為食物的營養沒有進入檸檬酸循環這個能量迴路而引起。

亦即因為缺乏酵素，食物無法順利的分解微量分子，營養素被腐敗菌處理掉，腐敗菌是不含氧的厭氣性細菌，因此，使得嗜氣性的能量迴路無法充分運作，由厭氣性的迴路代替運作。

結果就會產生乳酸或丙酮酸等物質，使得肌肉像岩石般的僵硬而產生疼痛，導致全身肌肉痛。

這些物質會造成腦缺血，出現血清素，使得頭部承受盧內壓而產生頭痛現象。

換言之，疼痛幾乎都是來自於腸，最大原因是缺乏酵素，無法順利分解蛋白質，能量迴路無法順暢運轉，造成厭氣性迴路發揮作用所致。

極度疲勞的原因，在於蛋白質與脂肪消化不良。消化不良是因為上述的機制，使得全身肌肉產生疲勞物質的酸（乳酸、丙酮酸、酪酸、乙醯醋酸）所致。這些酸會引起疼痛與疲勞。

這時就會出現活性氧，加速細胞破壞，使毒素積存全身，這就是細胞便秘。因為缺乏可以處理的酵素（代謝酵素），因此毒素無法順暢排除，陷入「酸」與「毒素」的雙重危機中，疲勞感增強。

持續出現這些症狀，除了疲勞感增強外，外表也變得難看，例出會出現皺紋、斑點、掉髮、頭皮屑，臉上缺乏生氣，說話有氣無力。整體而言，出現老態，喪失活力，經常引起疾病。

烤秋刀魚要配白蘿蔔泥來吃

酵素營養學的歷史背景，是以豪爾博士命名的「食物酵素」為原點。在獲得體內酵素（潛在酵素），亦即代謝酵素與消化酵素的科學知識之前，關於酵素活動，是以植物或動物的能量為根源，將其當成食物攝入體內後加以利用。

這些酵素會成為微生物的構成要素，展現活動。

以前的人會利用酵素製造味噌、納豆、醬油與醋，一言以蔽之，就是製造發酵食品。發酵就是「發生酵素」的意思。

在外國，像乳酪、優格等代表性發酵食品，都是食物酵素輔助食品。

在未加熱的「生的食物」中含有較多的食物酵素。生鮮蔬果中，除了本身含的維他命、礦物質之外，也含有豐富的食物酵素群。

例如居住在中南美的原住民，把肉片包在木瓜葉中擱置一段時間，藉著木瓜中所含的消化酵素能使肉柔軟。另外，在燉較硬的肉時加入綠色蔬菜使肉變軟，這些食品加工作業已在進行中。

一般人在吃烤秋刀魚時會添加白蘿蔔泥，這是因為生白蘿蔔中含有消化酵素澱粉酶，能夠消化魚的蛋白質。

在義大利，會用新鮮的哈蜜瓜包生火腿來吃，是美味的開胃菜。這也是基於能夠幫助消化的想法而設計的料理。

歐洲人在吃飯後、甜點前會先吃乳酪，因為吃這些發酵食品能幫助消化。在國外存在很多這類的飲食生活智慧。不論哪個國家，都慢慢的了解到可從食物中補充酵素藉以幫助消化。

野生動物不會生病的原因

現代人的飲食生活，已經脫離以富含食物酵素為主食的生活，取而代之的是以加熱、加工食品為主食的生活形態。

食物酵素在攝氏48度以上的加熱處理中，會遭到破壞。

蔬菜中含有礦物質，但是炒蔬菜時，食物酵素的有效性會因為熱而流失。

豪爾博士在《酵素營養學》中說道：

「各位是否看過棲息在叢林中的野生動物，因為癌症、心臟病、糖尿病而痛苦的姿態呢？請別告訴我因為是野生動物，所以沒有機會看到牠們。即使在非洲觀察、研究野生動植物生態系的科學家們，也沒有任何報告說明野生動物會生病。

一旦發生野生獅子因心臟病發作而被用救護車送醫急救，或母猩猩的乳房因癌症而腫脹，或大象因關節炎症狀惡化而無法步行等事件，則勢必會成為全世界的頭條新聞。」

在第二章中也指出，疾病的原因不只是飲食，也會受到精神壓力極大的影響。

豪爾博士說：

「日夜生存在可能會被其他野獸吃掉的弱肉強食世界中的野生動物，其生活的確是承受面臨死亡的極大壓力。」

反觀在我們身邊的寵物，即使是與人類不同的生物，卻可能會罹患與人類相同的慢性病等疾病。

所以，癌症、心臟病、糖尿病等慢性病，只存在於人類及人類所飼養的寵物身上，野生動物與這些疾病無緣，原因為何呢？

因為野生動物「過著以生食為主食的飲食生活」。

我們身邊所飼養的愛犬、愛貓，通常是以寵物食品的加工食品為主食。飼主也同樣吃便利、耐保存的加工食品，料理多半是加熱食物。

原本飲食中應該90％以上要以食物酵素為主食，但是相反的，卻變成90％以上是以加工食品或經過加熱處理的料理為主食。再加上戴奥辛、農藥等食品污染，根本不易吃到真正安全的食品。

健康與長壽的秘訣

經由食物攝取的酵素一旦不足，則食物進入體內時，為了消化這些無法被消化掉的食物，身體必須努力製造大量的消化酵素。

此外，攝取被污染的食品時，代謝酵素必拚命的將有害物質排出體外。每次用餐時會取用體內酵素，而酵素製造工廠也必須疲於應付。

也許你會感歎的說，看來我們只能脫離文明社會，過著原始的野人生活了。

現今，我們周遭充斥很多美食，想要脫離這種生活、過著原始野人的生活，根本不可能。有時難免會想吃些油炸食品、霜降牛排，沈浸在美食生活中。

重要的是，不要一味沈浸在美食生活中，既然已經擁有「酵素營養學」的知識，就要積極攝取生鮮蔬菜，補充酵素營養食品。更重要的是，要讓內臟多休息，保持腸內乾淨。

從食物中攝取有助於消化的酵素，即可減少體內酵素的製造量。

6

引導最強醫療的「酵素營養學」

豪爾博士所體驗的營養療法

終於要進入「酵素營養學」的主題了。首先要介紹開山祖師豪爾博士一九二四年曾服務過的林德拉療養院。這家療養院是引起豪爾博士對酵素產生興趣的舞台。

林德拉療養院是20世紀初期，維特・林德拉博士所進行的「異化營養療法」的起源。這個療法是基於人體的「同化作用（消化、吸收養分作用）」與「異化作用（將吸收的養分轉化為熱量的作用）」而成立的。

林德拉博士的父親亨利・林德拉，透過自己的經驗開設這家療養院。他本身是營養師，但是卻為肥胖和糖尿病所苦，個子矮小，體重卻重達113公斤，為了減肥，多次嘗試控制飲食的方法，可是完全無效。

朋友為他介紹東歐知名的營養療法師奈普牧師。牧師將蔬菜、水果等納入飲食中替代藥物，藉著自然的食物療法改善林德拉先生的糖尿病，讓他輕鬆減重40磅（18公斤）。

林德拉先生透過自己的親身體驗，將一生貢獻於營養療法，從一九〇四年開始，自己成為醫師，設立林德拉療養院。後來，兒子維特・林德拉博士成為繼承人，推廣「異化營養療法」，亦即使用生鮮蔬果的營養療法。

一九二五年，豪爾博士服務於該療養院時，一位即將在一個月後結婚的女性，希望能婚禮前瘦14公斤，因而前來造訪。林德拉博士利用半斷食療法為她治療，七天內只瘦1.8公斤，以這重瘦身程度來看，一個月內不可能瘦14公斤。

於是，中斷「半斷食療法」，採用對糖尿病患者十分有效的方法，也就是實行「生鮮食物減肥療法」（也稱為「異化營養療法」）。結果一天瘦0.9公斤，一週內瘦5.4公斤，接下來的一週內瘦了3.6公斤，最後成功的減重15.4公斤。

分析這位女性的事例，奇妙的是，與實踐「半斷食療法」相比，實行「生鮮食物減肥療法」的人，就算吃很多食物，也依然能夠瘦下來。

後來，比較152名「半斷食療法」和207名「異化營養療法（生食療法）」的實行者，調查關於減肥的效果，發現後者明顯奏效。

這個療法的重點並不在於食物的「量」，而在於「質」。豪爾博士知道生鮮蔬果中所含的成分對人體具有深不可測的力量，並且透過改善慢性病的體驗，以及累積許多臨床事實證明這一點。

活用於疾病治療上的「食養生法」

「異化營養療法」之所以對減肥有效，是因為為了消化食物，在體內需要更多的熱量。亦即每天三餐在體內會進行相當吃重的工作。

食物由口中進入體內，首先要使用熱量進行咀嚼作業，同時分泌唾液，將食物咀嚼成適當的大小後吞嚥，經由食道運動運送到胃。身體製造出消化食物的分泌液。然後食物成塊狀通過小腸，這時身體會吸收食物中的養分。

這個作業當然要交給肝臟、胰臟、脾臟及其他各器官來進行，而進行這個作業所使用的熱量十分龐大。同時不可忘記的是，在攝取食物前，有的人還要準備餐桌、烹調食物，這些工作都會消耗熱量。

請各位仔細想想，食物本身的熱量會導致肥胖還是減肥，因食物質量的不同而有不同。亦即「同化（消化、吸收）」作用多於「異化（轉化熱量）」作用，就容易引起肥胖。反之，就能夠瘦下來。

以豬肉為例，如果消化過程中使用的熱量低於豬肉本身所提供的熱量，就會使熱量過多，為了燃燒多餘的熱量，要做適度的運動。

相反的，「異化營養療法」所推薦的生鮮蔬果的代表蘋果，雖然消化過程與豬肉相同，但是不會造成熱量過多，反而會讓使用在「異化」作用的熱量更多。換言之，身體為了消化而會將體脂肪轉換為熱量，結果就能夠減肥。

消化是維持生存不可或缺的過程。「進食」的意義，就是要將食物中所含的養分吸收到體內，這就是「同化」作用。同時，我們的身體要使用貯存的熱量，將殘留物或有害物質排出體外，這就是「異化」作用。人類就是藉著反覆進行「同化」、「異化」作用而生活，這些活動總稱為「代謝」。

豪爾博士在林德拉療養院經歷到的營養療法，就是「重視食物的質並活用在疾病治療上的食養生法」。

那麼，實際在我們體內進行的代謝活動是利用什麼運作的呢？使得「代謝」這個體內十分重要的化學反應產生的原動力又是什麼呢？

豪爾博士畢生埋首於這方面的研究，終於發現生命物質「酵素」為其原動力。

酵素營養學的目的

學習「酵素營養學」最大的目的，就是要將我們身體的酵素製造作業抑制到最低限度，抑制後所得到的多餘熱量，能夠用來進行身體的修復作業、強化自體免疫力以避免生病，同時，也可以創造一個讓代謝酵素更有效發揮作用的體內環境。

因此，在每天的飲食生活中，要採取酵素營養學，追求「能事先消化的飲食生活」。亦即要多攝取一些可以事先消化的「含大量消化酵素的食物（食物酵素）」。

但是過著百分之百以生鮮蔬果為主的飲食生活，對現代人而言似乎是很遙遠的事。

現代人學會利用火來調理美味食物，因此，要回歸到以主食為主的飲食方式，是不可能的事情。

不過，既然了解這個最新的營養學，就要儘量過著以食物酵素為主的飲食生活。

從飲食中攝取酵素不足的部分，可以藉著酵素營養食品（未經化學製造、使食品發酵時間延長的輔助食品）來補充。

藉此能夠抑制身體製造消化酵素的分泌量，避免內臟承受過大的負擔。

酵素營養學的二大重點

(1)適應分泌法則——依食物不同，體內的消化酵素分泌量也不同

食物進入體內後，最初與唾液混合，然後在通過內臟各器官的過程中分泌出各種消化酵素。

分泌酵素的種類或量，因食物種類或吃法的不同而有不同。是否吃比較容易消化的食物，消化酵素的量會產生很大的差距。身體會配合食物的種類，分泌加以對應的消化酵素。這就是消化酵素的「適應分泌法則」。

豪爾博士認為，酵素營養學之所以延遲50多年，是因為大家都接受一九〇四年聖彼得堡（俄羅斯）的巴布金教授所發表的「酵素的並行分泌理論」。

「並行分泌理論」是指，即使吃了只需要利用三種主要消化酵素（澱粉酶、蛋白酶、脂肪酶）中的一種來進行消化的食物，在消化時身體也會同時分泌三種酵素。

這是對於酵素的性質產生誤解而出現的想法。當然完全忽略消化酵素對於生命、健康或疾病所造成的影響。

一九三五年，巴布金教授發表「不論人類或其他動物都一樣，這三種消化酵素是藉著在胰臟的分泌腺分泌出相同濃度的酵素」的理論。

不管消耗掉多少酵素，在體內都能夠永久持續製造出酵素的誤解，就是因為「並行分泌理論」而產生，因此才使得「酵素營養學」的研究延遲50年。

事實上，根據專家進行的實驗，在一百多年前就已經確認「適應分泌法則」。許多科學家經由進行各種研究證明這個法則（參考表4）。

豪爾博士的「食物酵素概念」的結論，是遵從這個「適應分泌法則」。也就是說，「吃了含食物酵素的食物後，消化作業所需要的熱量消耗減少，身體想要製造消化酵素的負擔減輕，能夠保存體內酵素。而足以保存的量能夠促進代謝酵素的活性。」

在日常飲食中攝取食物酵素（＝輔助前消化的食物）或食物酵素營養食品，能夠減少在體內製造出消化酵素的量。

藉此食物能夠被正常消化，也可以避免因未消化食物而造成廢物的滯留或腸內腐敗。

（表 4）

支持酵素的「適應分泌法則」的主要研究		
年次	研究者名字	研究結果
1907 年	L. G. 賽門	人類的唾液（分泌澱粉酶）依飲食內容的不同而有變化。攝取碳水化合物（澱粉）的食物時，澱粉酶的分泌量增加，但攝取蛋白質的食物時，其分泌量減少。
1927 年	B. 哥德史汀	人類胰液中所含酵素（脂肪酶、澱粉酶、胰蛋白酶）的分泌，依食物種類的不同而有不同。
1935 年	V. 德洛賓提尤巴	人類的胰液是經由分泌物排出管而獲得，脂肪酶的分泌會因為攝取脂肪食物、澱粉酶的分泌會因為攝取碳水化合物的食物、胰蛋白酶的分泌會因為攝取肉食而增加。
1943 年	格洛斯曼 & 艾比	攝取高碳水化合物的食物，會使澱粉酶增加、胰蛋白酶減少。攝取高蛋白食物會使胰蛋白酶激增。這是檢測 162 隻白老鼠胰臟組織的酵素量而到的結果。組織中的酵素量與胰液中所含的酵素量成正比。
1947 年	J. 莫納德	酵素適應現象能夠節省熱量，配合體內狀況只增加必需的酵素量。

(2)食物酵素胃——動物方胃 會分泌消化酵素

為了了解事前消化活動的重要性，我們就以牛、羊等反芻動物為例來加以說明（參考圖3）。

●反芻動物的食物酵素胃

反芻動物與人類不同，在唾液中沒有酵素。

根據豪爾博士進行的研究，以體重比來看，牛、羊的胰臟比人類的胰臟更輕。胰臟是製造酵素的重要器官，這就顯示出反芻動物藉著較少的消化酵素維持生存。反芻動物藉著較少的消化酵素消化食物的過程如下。

牛、羊有四個胃，消化酵素只由其中最小的胃分泌出來。另外三個沒有分泌消化酵素的胃稱為「前胃」，豪爾博士稱這些胃為「食物酵素胃」。

最初運送到「食物酵素胃」的食物，藉著食品中所含的消化酵素（食物酵素）自我消化。經過一段時間再運送到第二個胃。這時，食物中所含的微生物等可以幫助食物消化。

從第二個胃移到第三個胃的這段時間，食物已經完成自我消化的事前作業，然後再進入第四個胃（最後的房間），這時才由體內分泌出少量的消化酵素。

擁有三個「食物酵素胃」的反芻動物，只要藉著少量的體內酵素就能夠生存，理由就在於此。

●鯨魚的食物酵素胃

很多生物都擁有相當於「食物酵素胃」的器官，其中以鯨魚為代表。鯨魚有二個胃，可以當成「食物酵素胃」。

曾經在鯨魚的「食物酵素胃」中發現32隻以上的海豹。值得注意的是，這些「食物酵素胃」並沒有分泌消化酵素或酸。

沒有消化酵素或酸的作用，卻能夠消化、分解像海豹這麼大的食物，將其送到下一個胃，這個艱辛作業可想而知。

能夠實這個作業的原動力，就在於「食物本身所含的酵素」。

亦即被鯨魚吃下肚子的32隻以上的海豹，其胃內含有消化酵素和胰液，而海豹與其體內酵素可以直接成為鯨魚的消化酵素來使用。

●鴿子與雞食物酵素胃

以種子類為食物的鴿子或雞的胃，也具有「食物酵素胃」的作用。

鴿子、雞的胃本身不會分泌消化酵素，但是停留在胃中的種子類，經過一段時間擁有適度的濕氣後就會發酵，酵素開始增加。

種子類中所含的酵素抑制物質被中和，澱粉質被糊精與麥芽糖等消化酵素消化。

所有的動物為了進行事前消化，都有能夠將食物保存一定期間的「食物酵素胃」這個貯藏室。

●人類的胃

人類是否具有「事前消化的功能」呢？

事實上，胃的上部（賁門部與胃底）就相當於「食物酵素胃」。

這個部分不會分泌消化酵素，食物在沒有蠕動運動的狀態下，會在胃的上層部分停留一～一個半小時。

人類經由咀嚼食物，讓唾液和食物混合，開始進行消化活動。不過，唾液中的消化酵素只能夠消化碳水化合物。

然後，食物成塊狀通過食道，運送到胃的賁門部（相當於食物酵素胃的部位）。這時，不含食物酵素的食品，只有被唾液包住的碳水化合物能夠被消化掉一些，而蛋白質、脂肪仍然停留在該處，完全無法被消化。

直到擁有某種濃度的胃酸時，食物移到酸性環境的胃下方，這時終於能夠分泌胃蛋白

（圖 2）

食物酵素胃的位置圖

不論動物或人類都一樣，食物酵素胃在食物進入消化器官最初的停止處。黑色部分是食物酵素胃。

牛

牛、羊等反芻動物有 3 個食物酵素胃。

鯨魚

海豚、鯨魚等鯨類，其第 1 個胃是食物酵素胃。

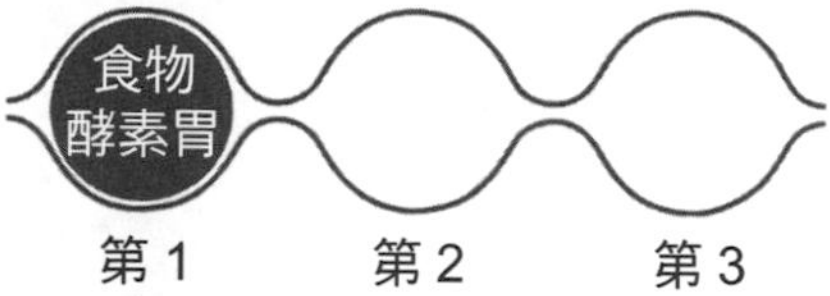

雞

雞、鴿子等吃種子類的鳥，餌袋是食物酵素胃。

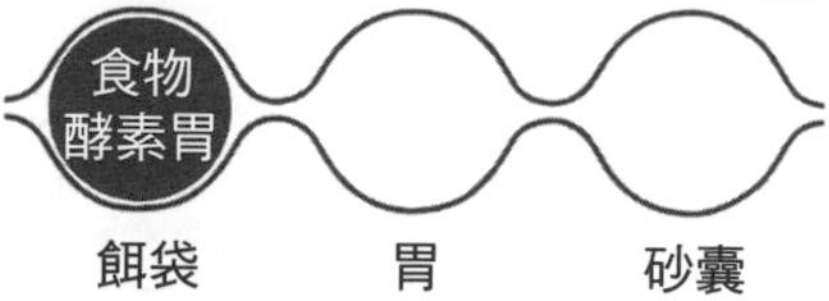

人

人類胃部的賁門部和胃底相當於食物酵素胃。

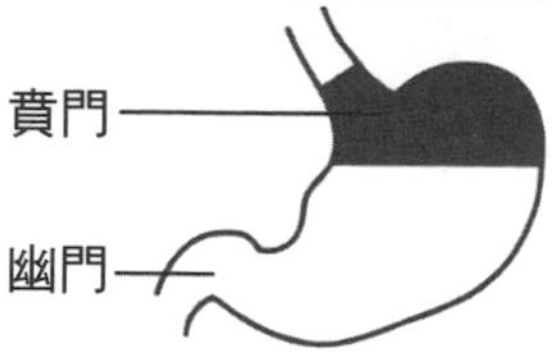

酶來消化蛋白質。

不過，這裡不進行脂肪的消化，依然持續保持原狀。所以，攝取調理過的食物，亦即以不含食物酵素的食品為主食的現代人的飲食生活，幾乎忽略了促進事前消化的作用。尤其像蛋白質、脂肪的不完全消化，是肥胖與疾病的根源。

解剖學家卡寧古哈姆博士以及生理學家豪爾博士，強力主張「人類的胃分為兩個具有不同作用的部分，各自限定在上方與下方發揮作用」。

同時又說：「下方空的時候會收縮、變得平坦，上方空的時候，沒有會產生酵素與酸的分泌腺和蠕動運動，即使有，也只是些微，隨時保持休止狀態。」

酵素的壽命與人類的壽命

由以下的實驗可以知道，「酵素的壽命依溫度的不同而有差別」。

實驗是由多倫多大學的馬卡沙和貝爾的研究團隊進行。此外，豪爾博士本人也曾經進行過。當溫度上升時，酵素十分活躍，藉由其活躍度來控制壽命。

水蚤在8度C的最低溫中尚可生存108天，不過動作遲緩，心臟一秒鐘跳動二次。在最高溫的28度中，只能夠生存26天，心臟一秒鐘跳動七次（參考表5）。

人類一旦貯藏的體內酵素用盡，就會迎向死亡，而動物、生物、細菌也是相同。水蚤在稍高的溫度下酵素活動活絡，能夠很有活力的在水中活動，心跳也十分活絡，全身運動旺盛，但是壽命只有26天。

在較低的溫度中酵素活動不活絡，動作也變得遲鈍，心跳變慢，但卻能夠存活108天。

因此，馬卡沙和貝爾認為：「壽命與代謝強度成反比（亦即越活絡壽命越短）。」

要防止壽命縮短，又想藉著運動使代謝活絡並且長壽，就要「由外部補充酵素，使體內的代謝酵素充分發揮作用，極力減少體內消化酵素的分泌」。

（表 5）

水蚤的壽命與溫度的關係 證明壽命受控於酵素的活躍度	
溫度（攝氏）	水蚤的生存天數
8℃	108 天
10℃	88 天
18℃	40 天
28℃	26 天

（根據馬卡沙和貝爾的實驗結果）

我一再強調，「多吃生鮮蔬果、多攝取酵素營養食品、多增加睡眠時間」是長壽的秘訣。關於睡眠時間方面，只要睡眠時間較長，就能夠減少酵素的消耗。

水蚤的研究可以說是單純的「壽命的實驗」。經由這個實驗，我們了解到「酵素會影響壽命」。

7

現代人要吃什麼比較好

現代人吃不適合人體的食物

這幾年來，以肉食為主食的西式飲食生活形態重新受到評估。過度攝取當成熱量來源的蛋白質，成為嚴重的社會問題。蛋白質是必需食品，但是全美國人已經重新評估以往的飲食生活。

為什麼過量攝取蛋白質會造成問題呢？

原因是會過度消耗體內製造的消化酵素。此外，消化不良造成食物腐敗或養分停滯也會成為問題。

例如牛排的主要養分是蛋白質，如果要為人體所吸收，就必須要轉換為氨基酸分子。因為經過加熱，所以即使適度咀嚼混合唾液的牛排（尤其是蛋白質），也無法得到事前消化的作用，直接到達胃的下方。這時，藉著胃蛋白酶才能夠開始消化蛋白質。

蛋白質多半無法完全被消化、分解，運送到腸成為氨基酸分子，而消化不良的蛋白質碎片會進入血中。

這種沒有完全被消化、分解的蛋白質分子，會引起狼瘡、癌症、關節炎、過敏等慢性病或自體免疫疾病等許多病症。

這些不良分子長時間滯留在腸內，會阻礙身體吸收重要的養分。此外，也會成為有毒氣體或有害物質產生的原因。而且消化酵素不足會抑制養分的吸收，造成「腸內腐敗慢性化」，引起各種疾病。

遺憾的是，現代人並沒有吃適合人體的食物。不！應該說已經沒有能夠吃到適合人體食物的環境了。

就算自己比別人更注意食物，但是仍然做得不夠完美。即使過著完善的飲食生活，不過大多數人也無法百分之百確實的吸收養分。

除了「消化酵素不足」外，現代人也大量攝取會抑制自然消化過度的碳酸飲料、藥物、咖啡因、酒等。

再加上平日的料理習慣，以及在每天承受壓力的社會中養成的飲食生活習慣，結果容易引起「胃灼熱」、「消化不良」等症狀，連帶也會使得體內環境惡化，罹患「潰瘍」、「腸內疾病」等。

食物消化、吸收的過程

在此說明人類消化的機制（消化過程）。

食物進入口中，藉由反覆咀嚼的動作混合唾液。唾液中含有能夠分解碳水化合物的酵素。食物被磨碎到能夠通過食道的程度後運送到胃，然後蛋白質被分解。

食物在胃內持續被分解，接著運送到下一個目的地小腸。這時才會分泌來自膽囊、胰臟、肝臟的消化酵素，促進消化過程。養分幾乎都是在小腸被吸收到體內。

大致被消化的食物移動到大腸，這裡主要是吸收水分和電解質，在排出之前，會成為排泄物停滯在腸內（這個排泄物的貯藏室，成為能夠提高我們健康的微生物的最佳棲息環境。因此，並不是說腸內所有的微生物都是害菌），最後被排泄掉。大約經過24小時的「食物之旅」終告結束（參考圖4）。

在這些過程中，由口中進入的食物按照既定的時間通過所有的消化器官，而且只排泄不必要的殘渣。真的可以做到這一點嗎？答案是「NO」。因為現代人使用各種調理方法料理各種食物，而且不按照時間進食，經常在承受壓力的狀況下吃東西。

（圖 4）

人類消化、吸收的過程

口腔

❶藉著唾液的澱粉酶消化澱粉。充分咀嚼食物，就能夠擴大食物接觸消化液的表面積。

↓

胃

❷藉著胃液的胃蛋白酶分解蛋白質。

↓

小腸

❸蛋白質被胰液消化成寡肽後，由小腸黏膜吸收，同時分解成氨基酸。
三酸甘油脂被膽汁乳化後，藉由胰液的脂肪酶作用，大部分被分解成脂肪酸和單酸甘油脂。
碳水化合物則由胰澱粉酶分解成寡糖，由小腸黏膜吸收，再分解成單醣。

↓

大腸

❹除了水分以外的無機質等，也會被吸收一些。纖維等不消化物或腸內細菌類則形成糞便。

（根據《簡易營養學》吉田勉編著）

當然，也包括遺傳體質的問題在內。但重點是，大部分的人或多或少都存在消化不完全的問題。

我在美國發表演講時，聽眾會詢問：「何種人需要實行食物酵素療法或攝取酵素營養食品呢？」我的回答很簡單，就是「會放屁的人」。這並不是開玩笑，放屁是因為消化不良造成腸內腐敗或異常發酵而產生氣體。

以三大營養素（蛋白質、脂肪、碳水化合物）的消化、吸收為主來考慮這個問題時，就會了解到各種酵素在消化器官中發揮作用。

在胃內，胃酸和胃蛋白酶分解蛋白質。胃中的酸度極高，消化酵素胃蛋白酶在pH值為酸性的環境中特別活躍。此外，為了吸收養分而使用的器官小腸，已確認存在著會受到微生物（益菌）極大影響的酵素。

為了將咀嚼的食物分解、消化與吸收，身體會製造出各種酵素（參考表6）。將食物攝入口中後，最後成為養分由腸道吸收，變成完全不同的形質（形質轉換作用也是酵素的一大作用）。

（表6）

主要的酵素種類及其作用

身體部位	消化酵素	受質（養分）	催化作用、分解產物（被吸收的形態）
唾液	澱粉酶	澱粉	將α-1、α-4水解
胃液	胃蛋白酶	蛋白質、多肽	切斷芳族氨基酸與肽的結合
胰液	胰蛋白酶	蛋白質、多肽	切斷與精氨酸、賴氨酸的結合
	胰凝乳蛋白酶	蛋白質、多肽	切斷與芳族氨基酸的結合
	羧肽酶A	蛋白質、多肽	切斷C末端側的氨基酸
	羧肽酶B	蛋白質、多肽	切斷N末端側的氨基酸
	彈性蛋白酶	彈性蛋白	切斷與脂肪族氨基酸的結合
	脂肪酶	三酸甘油脂	單酸甘油脂與脂肪酸
	彈性蛋白酶	膽固醇脂	膽固醇與脂肪酸
	澱粉酶	澱粉	將α-1、α-4水解
	彈性蛋白酶	膽固醇脂	膽固醇與脂肪酸
	共脂肪酶	脂肪滴	結合於膽汁酸—三酸甘油脂—胰臟界面
	磷脂酶A2	磷脂質	脂肪酸與溶血磷脂質核苷酸
	核糖核酸酶、去氧核糖核酸酶	RNA、DNA	核苷與核苷酸
	α-界限糊精酶（異麥芽糖酶）	α-界限糊精、異麥芽糖酶	葡萄糖
小腸黏膜	乳糖酶	乳糖	半乳糖葡萄糖
	蔗糖酶	蔗糖	果糖與葡萄糖
	異麥芽糖酶	異麥芽糖	葡萄糖
	各種肽酶	二肽、三肽、四肽	氨基酸
	腸肽酶、胰蛋白酶原	胰蛋白酶原	胰蛋白酶
	各種氨肽酶	多肽	肽的N末端氨基酸游離
	各種羧肽酶	多肽	肽的C末端氨基酸游離
	二肽酶	二肽	氨基酸
	麥芽糖酶	麥芽糖、麥芽三糖	葡萄糖
	脂肪酸	三酸甘油脂	分解成單酸甘油脂與脂肪酸
小腸黏膜細胞	各種肽酶	二肽、三肽、四肽	氨基酸

（根據《簡易營養學》吉田勉編著）

生病時不要吃東西！

那麼，是否將所有食物的消化、吸收工作，交給在消化器官內自行分泌的消化酵素就夠了呢？

前面敘述過的「食物酵素」，是指含有能夠自我消化的消化酵素的食物。「食物酵素」在生的食物或發酵食品中含量較多。

住在都市的現代人，很難光靠著生食過活。現代人身處於攝取各種加工食品的環境中，因此有很多無法自我消化的食物。我們的身體置身必須要自己分泌大量消化酵素的狀況中。

消化作業需要使用龐大的熱量。進食後嗜睡，就是消耗掉龐大熱量的身體想要休息的緣故。

因此，在生病時，不可攝取會促進消化的食物。在食慾不振時，身體會告訴你「請不要再使用消化酵素了。現在代謝酵素正忙於復健。」

但是，如果接受「生病時體力衰退，為了擁有活力，要勉強自己吃點東西」的錯誤建議，就會弄巧成拙。

動物在身體況不良時，什麼也不吃，只是就地休養，藉由斷食保存消化酵素，重新恢復代謝酵素的作用。這是動物的本能。

我們在生病時，儘量不要對消化器官造成負擔，只攝取含有維他病、礦物質、抗氧化物質等必需的養分，才能夠恢復體力。

鎂優於鈣！

想要預防疾病並得到長壽，就要捨棄過熱的飲食，採取以生食（尤其是生鮮蔬菜）為主的飲食生活，不要浪費一生只有定量的酵素。

在此說明「酵素與鎂的關係」。

酵素較多的食物，亦即生鮮蔬果、海藻中含有很多鎂，大量使用酵素時需要鎂。消耗酵素的具體例子，就是過度攝取甜食、加熱調理的肉、魚、蛋、氧化的油（尤其是零食等）、亞油酸、飽和脂肪酸，以及過量抽菸、喝酒、攝取充滿添加物的食品及壓力積存等。

這些生活形態會大量的浪費消化酵素，使得潛在酵素不斷減少。同時，細胞內的礦物質，尤其鎂的消耗量增加。鎂是酵素最好的輔劑，與酵素合為一體忙碌的工作。

如果鎂因為消化活動而大量消耗，則細胞內會大量釋出鎂。細胞內的鎂減少時，原本不能從細胞外進入細胞內的鈣會趁虛而入，使得細胞內的鈣量過多。這時，細胞非常緊張，會引起痙攣或收縮。

這種緊張會產生各種疼痛，在肌肉方面會出現肌肉痛、小腿肚抽筋、肩膀酸痛、關節炎，在心臟方面會出現狹心症、頻脈、心律不整，在子宮方面會出現肌瘤、生理不順、內膜症，在支氣管方面會出現支氣管炎、支氣管氣喘，在動脈方面會出現高血壓、糖尿病、動脈硬化、心肌梗塞，在神經方面會出現精神異常、學習力減退、腦中風、偏頭痛。此外，還有浮腫、蛀牙、骨質疏鬆症、結石等各種症狀。反過來說，這些症狀都是因為缺乏生鮮蔬菜、水果及海藻造成的。

鎂的研究從一九三〇年代開始，後來熱潮消退，直到一九九〇年代開始再度盛行，現在仍是熱門話題之一，這就說明對人體而言鎂比鈣更重要。

當然，鈣和鎂都是非常重要的礦物質，所有的礦物質都有其存在的必要，但是鎂是必須要經常攝取的重要礦物質之一。然而，長期肪來大家都忘了它的存在，只注意到「要攝取鈣」。

以前，人們總是認為「攝取鈣就能得到健康」。近年來，隨著礦物質研究的進步，終於知道「鎂和鈣要等量，甚至要比鈣存在更多，否則無法製造骨骼」。

鎂是幾乎存在於細胞內部的礦物質，與細胞外的鎂比率應該是4比1。反之，鈣幾乎是存在於細胞外的礦物質，外部與內部存在比率為一千萬比一。

當體內的酵素需求增多時，成為其輔劑的鎂的需求也會增多，大量使用體內酵素，會導致鎂缺乏，成為各種疾病（尤其是各種疼痛、心臟和呼吸系統疾病、神經系統婦科方面的疾病）的原因。當細胞內的鎂減少時，鈣就進入細胞內。

細胞內缺乏鎂，幾乎都是因為不良的飲食導致消化酵素過度浪費所致。反之，只要攝取富含酵素的食物（尤其是生鮮蔬果），就能夠得到健康。

重新評估酵素寶庫水果的價值

美國約翰・霍普金斯大學的亞朗・瓦卡博士說：

「古代人類的祖先既不是肉食也不是草食，更不是雜食主義，他們以水果為主食。」

很多人認為水果中含有很多對身體不好的果糖，因此對水果敬而遠之。但這是一大誤解。沒有比水果含有更多酵素的食物了。

以下說明食用水果的好處。

◎水果的優點

●容易消化（麵包、米、肉、魚、乳製品等濃縮食品會在胃內停留1個半～4個小時，但水果只要20分鐘就能夠被消化）。

●優質的糖分（果糖30％、葡萄糖30％、蔗糖30％）能夠產生最好的熱量，成為運動的營養來源。

●水果中所含果糖，可以讓胰島素完全不必分泌出來，因此能夠避免罹患糖尿病。

●水果中70～90％是優質水分。
●水果的水分中存在各種礦物質，是最優良的礦物質補給品。
●含有豐富的維他命C。
●生鮮水果中含有豐富的酵素（酵素＝生命力）。
●含有豐富的纖維（消除便秘）。
●含有少量優質脂肪酸（1％左右。酪梨則有5％）。
●含有少量的氨基酸（蛋白質分解型，能夠順暢吸收）。
●將身體的pH值調整為弱鹼性。
●含有所有必需的養分。
●含有豐富的抗氧化物質（植物的色素與香氣），具有抗氧化作用。
●早餐只吃水果，能促進身體排出有害毒素。
●低熱量，就算吃太多也不會發胖。
●多半為香氣四溢、好吃的水果。

水果幾乎零缺點。剛開始吃的時候，也許感覺比較冰冷，但這種感覺很快就消失了。

每個人都可以實踐的最佳食養生法

無法完全轉化為氨基酸的蛋白質中的浮游分子，會引起各種疾病。例如為了分解、消化、吸收蛋白質，要經過一些過程及數種消化酵素發揮作用，因此攝取過多的蛋白質，會對身體造成極大的負擔。

含有食物酵素的小麥和使用米糠萃取出的麴菌所製造的酵素食品（真菌性蛋白酶），其在pH環境中的活動與微生物（中性細菌性蛋白酶）截然不同。

真菌性蛋白酶在pH值3的酸性環境中，表現出較高的活動數值，因此適合胃的內部等酸性環境。

相反的，微生物（中性細菌性蛋白酶）則適合在中性~鹼性的環境，亦即在小腸中進行消化作用（pH環境會因個人的體質、時期、精神狀況等而產生變化）。

酵素不僅因種類的不同，同時也會配合pH環境而產生變化，所以，不只針對某一處，而要在數處的過程中補充活動的食物酵素，這才是理想的做法。

結論是，要過著以生鮮蔬果為主的飲食生活，巧妙攝取發酵食品。外食機會多、很難改善飲食生活的人，要積極攝取酵素營養食品。

最重要的是，要享受含有酵素的「生的飲食」之樂，利用各種方法攝取新鮮的蔬果、水果、發酵食品以及酵素營養食品。

酵素營養學強調的「食物酵素概念」，是考慮到人類原點的合理健康法，也是任何人都可以實踐的食養生活。

關於一天飲食的具體內容，請參考下一節。

理想的健康食譜

人類一天吃三餐，三餐都必須要攝取含有酵素的食品。一般人只要過著以下的飲食生活，就能夠保持很好的健康狀態。

【早餐】水果和對身體好的茶。

【午餐】（主食）烤或蒸的甘藷或馬鈴薯。也可以吃煮芋頭，或選擇蕎麥食材。

（副食）含有豐富海藻的生菜沙拉（調味醬要使用亞麻仁油等優質的油。少量使用橄欖油、鹽、胡椒、醬油等）和對身體好的茶。

【點心】只吃水果（水果乾也是很好的點心）。

【晚餐】（主食）雜糧飯（加入莧菜等的雜糧飯）。

（副食）海藻生菜沙拉（調味醬和午餐相同）、煮蔬菜（用醬油調味）、味噌湯、醃漬菜、醋漬菜（海帶芽、小黃瓜等）、豆腐、豆腐料理，可以吃少量的魚、肉（可以調理，但最好生吃），並且喝對身體好的茶。

我再三強調，酵素營養學的原則是「三餐都要攝取水果或生菜沙拉」。秘訣是早餐只吃水果，午餐吃沙拉、藷類，只有晚餐吃飯。吃得過多時，可以實踐本書介紹的半斷食法（A～C的方法任選一種）。

8

驚人的酵素力量！

愛斯基摩人健康的秘密

酵素除了存在於生鮮蔬果、種子、生海藻、生草中之外，在生的動物肉中也有。大量存在於獸肉和生魚肉中，亦即存在於所有的生物中。

我並不是鼓勵大家積極攝取生的獸肉，同樣都是肉，加熱過的肉比較不容易消化。只要沒有病原菌或原蟲（蛔蟲、絛蟲等），生魚片、生肉當然比煮熟的肉對身體更好。因為酵素是活的。

以攝取生獸肉為主食的民族中，愛斯基摩人最為著名。其居住在大西洋北部、格陵蘭島、北極、阿拉斯加、西伯利亞等地。格陵蘭島是終年冰雪覆蓋的極寒之地。無法取得蔬菜的愛斯基摩人，必須以生的海豹、海象、馴鹿、麝牛、極地兔、北極熊、狐狸、雷鳥等的鳥肉、獸肉或魚肉為主食。

加拿大探險隊的成員，有如下的記錄。

「愛斯基摩人生吃獸肉，除了白熊外，也吃其他動物的肝臟。同時吃海象、馴鹿胃內的東西，將肉貯藏在積雪中，即使在自我消化的狀態下照吃不誤。」

人類學家史提芳遜博士，因為在加拿大北部和愛斯基摩人共同生活七年，仔細觀察他們的生活而成為知名人物。博士在許多雜誌上刊載自己與愛斯基摩人一起生活的情況，並且一再強調愛斯基摩人身強體健，不會生病。

博士並不像其他探險家一樣吃自己帶去的糧食，而是持續過著與愛斯基摩人相同的飲食生活。從北極回國後，住院接受健康檢查，結果沒有發現任何病兆，非常健康。

除了史提芳遜博士外，也有很多人體驗與愛斯基摩人相同的生活，攝取相同的食物。他們持續多年攝取生的魚、肉、冷凍物（已經發酵過的食物）等生的食物。

結果，每個人都沒有生病，非常健康。比休普先生等人就說「每天都覺得很快樂」。

這些事實在在證明「生食偉大的力量」。

愛斯基摩人吃發酵食品

愛斯基摩人不光是吃生肉，而且會將生肉放置積雪中一陣子，幾天或幾個月後，即使肉有些腐爛也照吃不誤。並不是真正的腐爛，而是屬於發酵狀態的肉。這種狀態的肉，蛋白質分解酵素增加，成為接近氨基酸的蛋白質，是容易消化的狀態。

而且脂肪分解酵素脂肪酶也增加，使肉變得更容易消化。即使是酵素較多的獸肉，愛斯基摩人也會使其保持在容易消化的狀態下食用，這種智慧令人佩服。

這些肉都是「自我消化（事前消化）」的肉，食用後，不需要利用體內酵素來進行消化。

如此一來，就算是光吃肉（並不是牛肉、豬肉，主要是海獸類），但因為容易消化，所以不會生病，反而能夠維持健康。當然，如果愛斯基摩人的飲食全都是加熱食物，就會背負著超短命民族的命運，種族難以存續。

無法攝取到蔬菜的愛斯基摩人，不得不採用其他能夠維生的秘訣，因此，能夠經常吃到蔬菜的我們，應該要過著以生鮮蔬果為主的飲食生活。

堪稱頂級發酵食品的海豹生肉或肝臟的確非常美味。洛巴特・A・巴特雷特在他的著書《The Karluk's Last Voyage（卡拉克最後的航海）》中曾敘述：「西伯利亞的愛斯基摩人吃的冷凍生魚或馴鹿非常好吃。」

愛斯基摩人能夠得到健康的理由，並不是因為他們吃肉，而是採用不會無端消耗自己體內酵素的吃肉方法。

愛斯基摩人吃的獸肉除了酵素外，也含有其他能夠促進健康的特別物質。我們不能說他們吃了即將腐爛的發酵肉而得到健康，而是裡面含有其他能夠促進健康的物質。（牛、豬、雞等快要腐爛前的生肉，如果沒有長蟲，則比烤過或調理過的肉更容易消化，對健康有所幫助而且美味。不過，其酵素力量仍不及愛斯基摩人所吃的海獸那般強大。）

淨化血液的「魔術油脂」

另一個促進健康的物質，就是「優質的油脂」。像海豹、海象及魚中，富含必需脂肪酸中的α－亞麻酸（ω-3），人類攝取這種油，能夠獲得健康。

一九三〇年代，首次了解到攝取油會出現局部荷爾蒙，對人體造成影響。不過，直到一九七〇年代才真正了解詳情。

影響之一是，深入研究前列腺素（由必需脂肪酸製造出來的類似荷爾蒙物質），而榮獲一九八二年諾貝爾生理醫學獎的瑞典生物化學家柏格斯壯（S. K. Bergstrom, 1916～）、瑞典生理學家山繆森（B. I. Samuelsson, 1934～ ）和英國醫學家范恩（J. R. Vane, 1927～ ）三位博士。「不論哪種油，都會釋出局部類似荷爾蒙物質，依內容的不同會影響健康」。除了前列腺素外，也發現到凝血黃素與無色三烯等。

范恩博士的同事，亦即瑞典的戴亞巴格博士認為，愛斯基摩人血液清澈的理由在於飲食，於是和愛斯基摩人一起生活了十年。博士持續調查「愛斯基摩人的飲食內容」，以及「攝取這些飲食後身體會產生何種狀態」。

結果發現愛斯基摩人完全沒有出血傾向或血栓症，血液十分乾淨。

血液清澈的原因，就在於海獸的油。從海獸的油中萃取出「二十碳五烯酸（EPA）和二十二碳六烯酸（DHA）」，兩者都是存在於植物浮游生物中的「不飽和脂肪酸」脂質。

生吃含有EPA、DHA的青色魚或海獸（海豹、海象）的愛斯基摩人，血液始終保持清澈。

這些海獸吃了在海中生長的植物浮游生物或海藻，尤其是海帶芽、紫菜、綠紫菜，還有以這些為食物的魚，形成完美的食物鏈。

EPA、DHA等的α-亞麻酸油，不只是海獸，也大量存在於沙丁魚、鯖魚、秋刀魚等青色魚中。

第二次世界大戰時期，挪威因為「缺血性心臟病」造成的死亡率驟減，理由是，大戰中糧食缺乏的挪威人，不得不攝取沙丁魚、鯖魚、秋刀魚、鯡魚等。糧食不足結果卻使血液得到淨化，同時能夠預防心臟疾病，這的確是很諷刺的事情。後來，大家注意到了青魚，以及攝取海獸的愛斯基摩人。

結果發現愛斯基摩人因為大量攝取α-亞麻酸油（含有EPA、DHA），使得血液清澈，同時心臟、腦及其他部位也能夠保持正常的血液循環，所以能夠維持健康。

換言之，愛斯基摩人健康的秘訣，在於「攝取含有大量的酵素且對健康很好的油的食物」。

現在大家都知道，攝取α－亞麻酸優質的油建康很好，而含有最多α－亞麻酸的油就是亞麻仁油。亞麻仁油中含有55％的α－亞麻酸，與青色魚的13％相比，含有率相當高，可當成生菜的調味醬使用。

長壽村都攝取發酵食品、水果與好水

除了生的食物外，還有酵素相當活躍、能夠幫助消化的食物，那就是發酵食物。發酵過的食物比生艮物含有更多的酵素，容易消化，和生的食物同樣都是不可或缺的健康食品。

世界上活到百歲的人瑞並不少，他們多半居住在長壽村，像日本山梨縣北都留郡上野原町的棡原，就是著名的長壽村。另外，琉球縣也是著名的長壽村。而罕薩（巴基斯坦的北部）、中國巴馬、比爾卡邦巴、黑海和裏海之間的高加索地方等，都是舉世聞名的長壽村。

這些較多長壽者的地方，飲食內容十分完美。共通點就是攝取發酵食品，生產很多水果，同時也是出產好水的地區，能夠隨時攝取新鮮的蔬果。

這些都是與酵素有關的項目。是否能夠長壽，就在於能否藉由食物攝取酵素。

擁有好水，當然也是支持健康的重大要素。水和酵素也有關。水較少或缺乏水，會使酵素無法活動，有如死掉一樣。因此，越是好的水就越能活化酵素。

好水具有以下的特徵。

◎好水的特徵

- ●接近中性的弱鹼性（pH值7.4～7.5）。
- ●水分子束較小（越小越好）。
- ●未檢測出對人體有害的物質。
- ●無色透明。
- ●沒有惡臭（無臭）。
- ●微量存在各種礦物質。
- ●有很多溶解氧。

這是一般所謂好水的條件（存在這種水的地方多半是高山上的泉水），這些好水具有溶媒的性質，能夠促進酵素活化。酵素是否活化，受到水極大的影響。好水是酵素活動的基礎。

發酵與腐爛的不同

發酵食品和水相同，是長壽不可或缺的一大因素。攝取發酵食品能夠補強好的酵素，同時也可以補充有助於消化的好養分。

發酵的相反詞就是「腐爛」。「發酵與腐爛」也可以說是表裡的現象。對人類而言，這個現象是否有利，和微生物有關，都是微生物以生產熱量為目的而進行的現象。

對人類來說，發酵是益菌使用有機物進行的行為，定義如下。

「酵母或細菌等微生物為了得到熱量而分解有機化合物，生成乙醇類、有機酸類、二氧化碳等的過程。狹義的說法是，微生物於不存在氧的狀態分解醣類得到熱量的過程。」

亦即能夠藉著好的微生物製造出對身體好的變化，就是發酵。

相反的，對人類而言，腐爛是害菌分解有機物的過程所產生的現象。辭典對腐爛的定義是：

「腐爛，就是有機物尤其是蛋白質被細菌分解，變成有害物質以及產生惡臭氣體的變化。」

發酵和腐爛依菌的不同而有極大的差異。對身體來說，發酵會製造出好東西，腐爛會製造出毒物。不過，以微生物的觀點來看，兩者都是為了維持生存而產生熱量的現象，沒有好壞價值之分。

掌管發酵的菌，主要是以下三種微生物。

①黴菌

②酵母

③其他的益菌（藻類或蕈類〈擔子菌類〉也會進行發酵）

進行發酵的益菌代表，就是雙歧乳桿菌、乳酸球菌等乳酸菌。攝取容易繁殖雙歧乳桿菌的食物，腸內益菌增加以分解食物，藉著酵素的作用成為好的養分，合成維他命類，防止害菌增殖，同時抑制病原菌增殖，有助於維持健康。

如果攝取會增加害菌的食物，腸內害菌繁殖，產生腐敗現象，就會出現氨、硫化氫、吲哚、糞臭素、酚、胺等有害物質，成為引起各種疾病的要因。所以，避免害菌增加，才是維持健康的秘訣。

日本是世界第一的醃漬菜發酵王國

世界上有很多發酵食品。只要讓有機物發酵，就能製造出黴菌、酵母、益菌等微生物。

日本常見的代表性發酵食品，包括味噌、醬油、甜料酒、納豆、醃漬菜、清酒、甜酒、米醋、柴魚片、乾貨等。在全國各地都有醃漬菜的名產，種類繁多。

例如北海道的松前漬菜、秋田的合香、仙台的長茄漬菜、栃木的芥末漬菜、東京的福神漬菜、日本北部的蕪菁漬菜、麴醃鹹鰤魚、醃雷魚、醃小鯛、米糠醃沙丁魚或河豚、京都的醃蕪菁、和歌山的醃鹹梅、奈良的糟醃甜醬菜、滋賀的醃鯽魚、四國的醋漬紅蕪菁、佐賀的松浦漬、宮崎的醃白蘿蔔、鹿兒島的醃白蘿蔔等，不勝枚舉。

據說醃漬菜種類多達六百種以上，堪稱世界第一的醃漬菜王國，同時，這也可能是日本號稱平均壽命世界第一的原因吧！

日本醃漬菜的特色，在於醃汁和醃床的種類豐富。世界各國的醃漬菜，多半是醋漬菜或葡萄酒漬菜，而日本卻有醬油、未過濾的酒或醬油、甜料酒、米醋、梅醋、清酒、燒酒等多種醃汁。另外，也存在著酒糟、甜料酒、米糠、麴、大豆醬油、芥末等各種固體狀的醃床。

幾乎所有的食材都能夠當成醃漬物的材料，種類多彩多姿。不論蔬菜、蕈類、肉、魚、海藻、花、野草等，只要是可以吃的東西，全都可以用來醃漬。

日本的醃漬醬菜又可分為醃料沒有直接受到微生物作用的「無發酵醬菜」，以及直接受到微生物作用的「發酵醬菜」兩種。前者是醋漬菜、葡萄酒漬菜、醬油漬菜、福神漬菜、醃鹹梅等。後者則以黃蘿蔔鹹菜米糠漬菜、麴漬菜、蕪菁漬菜、發酵醃漬魚等為代表。

世界各國的發酵食品

在世界各國有許多發酵食品。

最一般大眾化的，就是啤酒、葡萄酒、乳酪、麵包、威士忌等。另外還有韓國泡菜、保加利亞的優格、美國的蘋果醋、印尼的大豆發酵食品、德國的酸高麗菜（高麗菜去芯，切成2毫米寬，撒上2％的鹽，用較輕的鎮石壓住，放在木桶內使其發酵）、中國的榨菜、印度的醃菜（將蔬菜、水果、香草切碎後，加入砂糖、醋、香辛料煮成糊狀，使其發酵），琉球的豆腐羊羹等，不計其數。

世界各地釀造的酒，例如葡萄酒、高粱酒等，幾乎都是發酵而成。雖然不見得「發酵食品＝對健康好的食品」，不過，大部分都是對健康有幫助的食品。理由是發酵食品就是酵素食品。

全熟香蕉的驚人酵素力量

發酵食品的優點如下。

●可以長期保存，幾乎不會腐爛。

●礦物質增加好幾倍，氨基酸增加10倍，營養價值極高。

●幾乎都是酵素食品。與發酵前的葡萄相比，葡萄酒增殖二千倍以上的微生物。米糠漬菜的米糠味噌1公克中含有8～10億個乳酸菌。這些菌能夠釋出菌體內酵素，進行酵素活動。

●氣味特異性與甜味成分的活化。像一些臭到令人不禁捏鼻子的乳酪，或葡萄酒、清酒、威士忌等香氣四溢的物質有很多，在味道上都稱得上是美味。

●毒物的無毒化。即使是劇毒，一旦發酵後就變成無毒。例如河豚的卵巢有劇毒，不過醃漬四年的河豚卵巢完全無毒。

●被分解後成為低（小）分子狀態，容易吸收養分。例如蛋白質等幾乎是已經分解到接近氨基酸的狀態。

利用發酵增大效果的例子列舉如下。

香蕉本身也有酵素，但是發酵後力量更加驚人。只要置於室內待外皮變黑後，就呈現完全發酵的狀態。

換言之，香蕉腐爛前的「極限發酵狀態」，亦即完全成熟的香蕉，藉由發酵過程，能夠使得裡面所含20%的碳水化合物的三分之一到二分之一變成葡萄糖。

就碳水化合物而言，葡萄糖是最小的單位，也是不需要消化的狀態。與一般的香蕉相比，吃熟透的香蕉對消化較有幫助。

不只是成人男女，未滿一歲的嬰兒更需要吃熟透的香蕉。因為其體內分解澱粉酶的能力還不發達，吃一般的香蕉無法消化，必須要吃熟透的香蕉才可以消化。

黎巴嫩人很喜歡吃一種叫做「奇貝」的食物。奇貝是生羊肉加上磨碎的小麥，利用石臼花一小時的時間用木棒搗碎，再加入香辛料等做成的食物。奇貝中含有很多酵素，能夠維持健康。此外，也產生蛋白質分解酶、脂肪分解酶，以及來自小麥的蛋白酶、澱粉酶、脂肪酶，可以自我消化。

愛斯基摩人也會保存海獸，直到快要腐爛前才吃，藉此維持健康。

了解這些，就可以知道發酵食品是運用人類智慧，使用酵素補充營養而得到健康的食品。但是像米糠漬菜、鹹醬菜等鹽分較多，對身體不好，不宜多吃。

將牛奶發酵製成的優格，大家並不陌生。優格是比牛奶更好的食品。牛奶的蛋白質無法被順暢的分解，容易造成腸內腐敗。優格中含有大量的乳酸菌，成為大腸益菌的餌食，能夠遏止腸內腐敗。由此可知，發酵的力量相當驚人。

9

引起全美注目的「酵素療法」

治療的王牌——酵素營養食品

現在，美國對於難治疾病等各種疾病都會使用酵素療法。在我的診所中也實施這個方法，同時配合必要投與酵素營養食品。本章將就各種疾病介紹在美國展現極大效果的酵素療法。

⑴ 愛滋病

美國不少的內科醫師會對愛滋病患者投與酵素。因為酵素能夠改善伴隨愛滋病而產生的養分吸收不完全的症狀。

含有特定的蛋白質分解酶，能夠促進ＨＩＶ（人類免疫不全病毒）感染者產生某種淋巴球，緩和因為免疫系統喪失而引起的重大症狀。

平常攝取酵素營養食品，可以延緩ＨＩＶ的進行，亦可減輕症狀。

(2) 病毒疾病（流行性感冒、疱疹、C型B型肝炎等）

流行性感冒或C型B型肝炎，一旦感染了病原性病毒，就相當的棘手。這些病毒由蛋白質的黏膜覆蓋，如果食用蛋白質分解酶營養輔助食品，其膜會被分解，病毒遭到破壞。亦即能夠期待酵素營養療法對病毒疾病產生極大的效果。

美國一位內科醫師說：「利用蛋白質分解酵素治療帶狀疱疹，是目前最有效且完全無副作用的最佳療法。」

流行性感冒病毒也會被胰蛋白酶消滅。德國某位醫師報告：「對於帶狀疱疹等病毒疾病的治療，大量投與酵素營養食品能夠迅速復原。」此外，根據研究報告證明，不會引起帶狀疱疹後一般會出現的神經痛。

酵素營養食品當然是經口投與，不過根據報告顯示，塗抹於患部也能夠改善症狀。

(3) 關節炎、腰痛、風濕、肩膀酸痛、其他疼痛

不當的消化（消化不良）有時會導致全身疼痛，尤其引起關節炎或腰痛。

還沒有被分解為氨基酸的多肽（氮殘留物）會引起腸內腐敗，抑制TCA能量循環

（亦即檸檬酸循環）的順暢運轉。

這時會產生乳酸及其他的酸，造成全身疼痛，引起肌肉收縮。一旦肌肉收縮表面化時，會感覺到疼痛。根本原因在於酵素不足造成消化不良所致。

努力改善消化系統，形成良好的消化與排泄，疼痛自然就會消失。

風濕的情形亦同。總之，可以大量投與酵素營養食品來治療風濕。首先，讓風濕患者大量攝取酵素營養食品，同時，攝取含有酵素、能夠淨化血液的蔬菜、水果，就能夠治好疾病。

(4) 癌症

直到今日，癌症仍是相當棘手的疾病。因為是難治疾病，所以預防最重要。防癌的重點是要多攝取酵素含量多的食物，其次是攝取酵素營養食品。

所有的癌症都是因為生的食物（尤其是生鮮蔬果）攝取不足造成的。「酵素、纖維不足是形成癌症的最大因素」，這種說法絕不誇張。

過度浪費體內的潛在酵素，使得全身所有的臟器成為致癌體質。

巴登・哥爾德巴格在其著書《Alternative Medicine Definitive Guide to Cancer（對於癌症

的代謝醫療決定指南）》中提及，胃的蛋白酶、胰臟的蛋白酶會攻擊在體內發生的初期癌症。

當蛋白質無法被充分分解時，在腸（小腸、大腸）中的氮殘留物會引起腐敗，製造出氨代謝物（胺、酚、糞臭素、吲哚、硫化氫、硫醇等），產生致癌物質亞硝基胺而引發癌症。

酵素又會產生TNF（腫瘤壞死因子＝由巨噬細胞生產的一種細胞激素，具有破壞異常增殖的癌細胞的力量）。「澳洲癌症研究協會」會員路西亞・迪沙亞就是成功利用大量酵素營養食品產生TNF的醫師。最近很多醫師都認識到酵素療法對於癌症的重要性。

胰臟的酵素對於癌細胞表面抗原發揮作用，破壞癌細胞。尤其蛋白酶會分解包住癌細胞的蛋白質外膜，讓細胞死亡。

當外膜遭到破壞時，抗原被解放，免疫系統能夠活化。

蛋白酶具有去除癌細胞製造的免疫複合體的作用。

胰臟酵素和殺手T細胞的增加有關，也能夠促進TNF的增加，歐洲的醫師們會破壞腫瘤，最近甚至盛行直接將胰臟酵素注射到腫瘤內的方法。

酵素併用化學療法能得到很大的效果。可以減少化學療法的量，並大幅減輕副作用。

另外，蛋白酶也具有防止癌細胞附著於其他細胞而造成轉移的作用。

如上所述，使用酵素營養食品是治療癌症不可或缺的方法。

在癌症患者體內發現的危險免疫複合體，能夠經由攝取酵素營養食品大幅減少。複合體是讓癌化腫瘤增大的要因。一旦複合體增加會導致癌症擴大，難以生存。

接受酵素療法的癌症病患，能夠抑制免疫複合體，進而抑制癌細胞轉移，並且能夠湧現食慾，產生活力，精神變好。

美國的傑克・萊亞醫師說：「攝取木瓜、鳳梨等含有酵素的水果，能夠幫助消化，讓體內的代謝酵素朝有害部分發揮作用。酵素的化學反應恢復正常，全身得到健康。」

近年來，歐美等國的癌症專家們在使用其他的自然療法時，也會一併使用酵素療法。

除了經口投與外，也會藉由注射或以塞劑方式使用酵素。

歐美的醫師們使用的酵素（經口、注射、塞劑）如下：胰臟酵素、木瓜酶、菠蘿蛋白酶、胰蛋白酶、胰凝乳蛋白酶、脂肪酶、澱粉酶、芸香苷（生物類黃酮等）。

(5)自體免疫疾病（風濕、紅斑性狼瘡、類風濕、重症肌無力症、多發性硬化症、克羅恩病〈回腸末端炎〉）

自體免疫疾病是免疫系統異常引起的疾病。免疫系統本身將自身的組織視為外部（異物），發動攻擊而引起疾病。

免疫反應的異常反應，會促進循環體內的免疫複合體發病，連帶引起其他許多疾病。

對症療法並沒有根治的方法，只能抑制症狀，不能算是真正的治療。目前，西醫對這種疾病幾乎都採取對症療法。

這個疾病的根本原因在於「腸內腐敗」。根據最近的許多研究，發現掌管免疫的部門大半是腸（尤其是小腸黏膜）。

治療法是要努力使腸內細胞菌恢復正常化。主要方法如下。

①半斷食

②食物（營養）療法

③投與機能性食品

④物理療法（針灸、遠紅外線、足浴、枇杷葉溫壓）

在我的診所會使用這些方法，根治率極高。

關於③的機能性食品，其王牌就是酵素。在我的診所，除了酵素營養食品之外，也會利用強化免疫功能的營養食品。

尤其大量投與酵素營養食品，確實有效。根據歐美研究的結果顯示，大量使用好的酵素，則和癌症的情況一樣，會從免疫複合體解放，不會造成好轉反應的損害（水解酶尤其能夠有效淨化危險的免疫機制）。

但是，最初對自體免疫疾病大量投與酵素時，免疫複合體瓦解，看起來症狀好像更加惡化（最後仍然奏效）。

像異位性皮膚炎等也是如此，所有毒素都會出現在皮膚上，看起來症狀好像變得更加嚴重，如果是風濕或紅斑性狼瘡、類風濕，則疼痛會更為強烈。

這都是免疫複合體瓦解階段所產生的現象，持續使用酵素，進行食養生，將一切不良分子全部排除、消滅，就能消除症狀並根治疾病。

輔助人類潛在酵素的酵素營養食品

把酵素營養食品當成輔助品來攝取，比起攝取維他命、礦物質等營養食品更加重要。此外，就算攝取各種營養食品，其基礎最重要的還是酵素營養食品。理由是前述的人類潛在酵素有限。

想要保持健康，至少要實踐以下兩個重點。

①多攝取酵素含量豐富的食物

②每餐都要攝取酵素營養食品

「酵素是能夠讓我們存活的物質，是生命之光。」這是艾德華・豪爾博士所說的話。酵素含量較多的食物是生的食物，尤其是生鮮蔬果。

要利用酵素營養食品，就要選擇最好的酵素營養食品。

我為了得到最好的酵素營養食品而前往美國，得到豪爾博士親自製造、也是美國頂級的酵素，將其進口到本診所讓病患使用。

在過著良好飲食生活的同時併用最好的酵素，能夠得到增強效果。此外，完全沒有副作用等負面影響。能夠延長壽命且不會生病，效果的確驚人。

併用酵素營養食品的優點如下：

●所有養分都可以分解到最小單位，能夠補充一切。

●內臟的活動旺盛，能夠縮短食物停留在胃腸道的時間。

●改善消化不良。

●藉由吸收營養提升體力。

●改善胃的不適症狀。

●不必服用多餘的藥物，甚至可以減少服用量。

●提升免疫力。

●抑制發炎症狀。

●改善血液循環、淨化血液。

●促進組織內解毒。

●促進減肥。

●藉由抗老化效果延長壽命。

我將豪爾博士製造的酵素營養食品加以改良，為了配合pH值而併用胃酵素與腸酵素。

這些酵素是經由有機栽培的植物萃取出來的，在體內可以消化蛋白質、碳水化合物、脂月方和纖維，也能增強礦物質的吸收。

胃蛋白酶、胰蛋白酶、菠蘿蛋白酶、木瓜蛋白酶等酵素群能夠消化蛋白質。澱粉酶、葡萄糖澱粉酶、蔗糖澱粉酶等可以消化碳水化合物，乳糖每可以消化乳酸的乳糖。

脂肪酶可以消化脂肪，纖維素酶可以消化纖維。特別值得一提的是，含有半纖維素酶、植物酶、β–葡聚糖酶的酵素混合物，是為了攝取到植物和蔬菜中的礦物質而開發出來的物質。

和膽汁一起發揮作用的脂肪酶，能夠將脂肪分解為脂肪酸與甘油。胃蛋白酶和胰蛋白酶藉著胃的酸性發揮作用，胰酶則是藉著小腸的鹼性發揮作用。

經由這兩種酵素營養食品幫助生的食物中所含的酵素的作用，使胃腸道內的消化作用順暢進行。藉此能夠抑制害菌（腐敗菌）繁殖，避免引起各種不適症狀，遠離疾病。

攝取酵素營養食品，能夠減輕飯後的膨脹感，增加便量，同時排出質佳的糞便，使內臟功能恢復正常。

目前，歐美普遍使用酵素營養食品來治療與預防疾病。

酵素營養食品所含的酵素及其作用如表7所示。

（表 7）

酵素營養食品所含的酵素及其作用	
酵素名稱	作用
胃蛋白酶	配合胃酸的有用性發揮功能的蛋白質分解酵素。
菠蘿蛋白酶	從菠蘿的莖中萃取出來的物質。將能夠幫助蛋白質分解的蛋白酶進行硫黃處理。
木瓜酶	由木瓜（水果）中萃取出來的物質。為了有效消化食物蛋白質，因此會分裂蛋白質肽。
胰酶	由動物胰臟分泌到小腸，是含有蛋白質、脂肪、醣類的分解酵素的動物性酵素。
脂肪酶	由菌類萃取出來的物質，能夠分解脂肪酸及甘油中脂肪。
牛膽汁	消化脂肪，藉著改善膽囊功能與刺激膽汁的流動而改便秘。
澱粉酶	由菌類萃取出來的物質，能夠分解澱粉、肝糖及特定的多醣類。
蛋白酶	代謝蛋白質、澱粉、碳水化合物，是由胰臟分泌的消化酵素。
纖維素酶	由菌類中萃取的物質，是能夠分解存在於食物纖維中的葡聚糖及纖維素的酵素。
胰凝乳蛋白酶	以能夠分解蛋白質構成要素的動物為泉源的酵素。
胰蛋白酶	存在於蛋白質食物中，是能夠分裂氨基酸構成成分與肽的動物性酵素。

10

鶴見診所的「超級酵素醫療」病例集

本章就各種症狀介紹鶴見診所實施酵素療法的卓效病例。

◆五十肩（肩關節周圍炎）

年過40歲的人都可能罹患五十肩，經常出現在50～59歲的人身上，所以稱為「五十肩」（正式名稱為肩關節周圍炎）。

原因是血液循環不順暢，肩關節的肌肉出現「乳酸」、「丙酮酸」，平常能夠做到的旋轉、繞環及其他運動變得無法順暢進行，肩膀無法上抬或後抑，這種症狀稱為五十肩。

首先，紅血球會呈串連狀。攝取富含酵素的食物或酵素營養食品能夠見效。

〔病例❶〕五十肩（男性、52歲）

患者不到50歲時，出現右肩無法後仰的自覺症狀。偶爾右肩痲痺、疼痛，無法投球、接球。

52歲時來本診所就醫。讓患者使用為正常人2倍的胃酵素，飲食方面建議他多吃生鮮蔬果（早餐吃水果）。

半年後，肩膀能夠自由活動。原本有腹瀉傾向，現在能夠排出健康的粗大糞便。

同時，不再頭痛、頭暈。患者對於酵素營養食品及生食的效果嘖嘖稱奇。

◆腰痛（腰椎椎間盤突出症）

〔病例❷〕腰痛（男性、57歲、沒有其他疾病）

二〇〇一年八月患者自覺到腰痛，接受附近醫院的檢查，診斷為突出症、後來到綜合醫院做MRI（核磁共振影像）檢查，診斷為腰椎椎間盤突出症，九月中旬決定動手術，後來，親友建議他到鶴見診所就醫。

鶴見診所對病人施行以下三種方法。

①半斷食↓食物療法

②攝取營養食品

③接受本院的特別物理療法

一週內疼痛完全消失，恢復活力。決定不接受手術，持續採取食物療法。一個月後，身體狀況更好，患者本人也確信「由腸開始進行治療才是止痛的最大秘訣」。

有腰痛、背肌痛、坐骨神經痛、膝痛等慢性全身痛的人，使用這三個方面能夠奏效。尤其營養食品，通常會使用「胃酵素」、「腸酵素」再加上「鎂劑」。只要了解疼痛原因，就知道為什麼利用這些物質能夠止痛。前面已經提及，「疼痛」的根源始於腸。

◆頭痛（偏頭痛或群發性頭痛）

〔病例❸〕頭痛（男性、41歲、體重62公斤）

想者在18、19歲時就經常出現頭痛，常服用止痛藥。30歲後，頭痛情況更為嚴重，幾乎每天都會發生。醫師說是「精神性頭痛」，因為組織上沒有異常，所以診斷為「偏頭痛」。

36歲後，更為頭痛所苦，一年有半年的時間都向公司請假。41歲時來到本院。

事實上，患者除了頭痛以外，還有嚴重的肩膀酸痛、背肌痛、食慾不振、排放臭屁、腹瀉、便秘等症狀。

很明顯的是腸內腐敗產生的症狀。實施二週半斷食，同時投與營養食品。三週後瘦了4公斤，臉上有光采，持續20年的頭痛完全消失。

後來，持續採取食物療法並攝取營養食品，二個月後，症狀痊癒。排出粗大、沒有臭味的正常便。

患者說：「能夠輕鬆治癒，真是不可思議。」

營養食品是使用「胃、腸的酵素營養食品」和「強化免疫功能的營養食品」。

頭痛是因為腸內浮腫導致輕度內壓增加所致。此外，污濁的血液（毒素細胞）是元兇。利用酵素營養食品淨化血液，進行半斷食，就能治好嚴重的頭痛。

◆耳性眩暈病（頭暈病）

這個疾病是因為內耳，尤其是半規管浮腫引起積水所產生的現象。一般而言原因不明，但事實上飲食不正常是主要原因。

頭暈的原因在於浮腫，亦即紅血球呈串連狀。酵素營養食品具有特效，能夠去除串連形的紅血球，淨化血液，改善浮腫。

〔病例❹〕耳性眩暈病（女性、37歲）

患者很喜歡吃甜食，每天都吃各種甜點。

二〇〇一年四月，某天早晨起不來，感覺天旋地轉。經由醫師檢查，診斷為耳性眩暈病。

住院一週，症狀稍微好轉，於是出院，但因為沒有真正痊癒，所以來到本診所就醫。當場讓他多攝取一些酵素營養食品，躺在床上接受針灸治療。一小時後，全身變得相當輕鬆，暫時去除頭暈。

指導他實行食物療法（先進行半斷食，再過著以生食為主的飲食生活）。一個月後，其他症狀（肩膀酸痛、軟便、頭痛）全都改善。後來，注意飲食併用營養食品，一年後不再出現頭暈現象了。

◆癌症

很多重度癌症患者實施本診所的療法後都已痊癒。

鶴見診所是利用以下的方法治療癌症。

①使用本診所獨特的營養食品，將免疫力強化到顛峰，使NK細胞及其他細胞激素活化，讓癌細胞自毀。

②使用遠紅外線治療機器和針灸等物理療法。

③從半斷食開始嚴格指導食養生。

主要是利用上述三種方法提升癌症患者的能量，讓癌細胞在不知不覺中消失。

〔病例❺〕大腸癌、術後癌細胞轉移到腹膜及淋巴結（男性、29歲）

患者在二〇〇二年八月於醫院接受大腸癌手術，十一月時，癌細胞轉移到腹膜及腹部、淋巴結。後來因為拒絕使用抗癌劑治療而前來本診所就醫。

對於這位患者，我們採取以下三種治療方法。

①食養生（半斷食與食養生）

②投與機能性食品

③遠紅外線加上針灸治療

力行這三項。二〇〇三年四月前往綜合醫院做CT、MRI檢查，醫師說：「完全沒有發現癌細胞的影子。」

三個月後在七月接受檢查時，結果也是相同。

大腸癌轉移外容易治好，因此，本診所的治療法的確是劃時代的治療法。

〔病例❻〕大腸癌、術後肝轉移、腹膜轉移（女性、53歲）

患者在二〇〇〇年十二月被醫院診斷為大腸癌，進行手術。其後的一年半持續接受抗癌劑治療。二〇〇二年九月，醫師指出已經轉移到腹膜、淋巴結與肝臟，建議接受強力的治療。

患者拒絕接受治療，於是轉到實行另類醫療的醫院，但是癌細胞不斷的擴散。後來在二〇〇三年經人介紹來到本診所。

我們指導病人三個治療重點。

①食養生（半斷食與食養生）

②投與機能性食品

③遠紅外線加上針灸治療

二個月後，所有症狀（肩膀酸痛、腰痛、背肌痛、頭痛、噁心、食慾不振）都改善。六月到綜合醫院接受CT、MRI檢查，發現肝轉移已經縮小為一半。

感覺好像癌症治療，心情輕鬆不少。後來情況越來越好，相信最後一定能夠痊癒。

〔病例❼〕乳癌、術後肺轉移（女性、62歲）

患者在一九九七年右乳房動了癌症手術，術後經過情形良好，但是到了二〇〇二年三月，肺部出現點狀陰影，經由精密檢查，發現是轉移性肺癌，於是前來本診所就醫。

指導患者以下三個治療重點。

①食養生（半斷食與食養生）

②投與機能性食品

③遠紅外線加上針灸治療

接受三種治療後，情況好轉，症狀（肩膀酸痛、腰痛、頭痛、便秘）得到改善，癌症不再惡化。

但是癌症並沒有治好，於是從二〇〇三年三月開始追加墨角藻聚糖，結果出現戲劇化的效果。二〇〇三年七月癌症幾乎痊癒。

墨角藻聚糖具有讓癌細胞直接自毀的效果，再利用其他機能性食品強化免疫、擊退癌症。併用兩者，則就算是癌細胞轉移到全身的癌症患者，病情也能大幅改善。像這位病人就是一個良好的例子。

〔病例❽〕乳癌（右）（女性、57歲）

患者在一九九七年右乳房罹患癌症，醫師建議進行部分切除手術，患者拒絕動手術，後來在二〇〇二年七月前來本診所就醫。

和病例❼一樣，指導患者以下三個治療重點。

①食養生（半斷食與食養生）

②投與機能性食品

③遠紅外線加上針灸治療

本診所對於乳癌病患主要是實行這三個治療重點。三個月後接受檢查，證明癌細胞消滅，治好了癌症。

〔病例❾〕胰臟癌（女性、75歲）

以人體來說，胰臟相當於「酵素儲藏室」。不吃生的食物（生鮮蔬果）而只吃加熱食物，首先受害的就是胰臟。

胰臟會分泌澱粉酶、麥芽糖酶等糖分解酵素，以及脂肪酶等脂肪分解酵素，還有胰蛋白酶原、腸激酶、胰蛋白酶、胰凝乳蛋白酶原、羧肽酶等蛋白分解酵素來消化食物。

但是只吃加熱的食物，持續使用胰臟酵素，會使胰臟酵素日益枯竭，其代價就是胰臟會不斷的膨脹、肥大，最後出現癌症。

患者在二〇〇二年接受全身檢查，醫師指出罹患胰臟癌，但是因為癌症出現在不能動手術的部位，再加上年齡的考量，所以決定前來本診所就醫。

胰臟癌的治療法，首先要以「生鮮蔬果半斷食法」為優先考慮，其次大量攝取酵素營養食品，以及強化免疫功能營養食品，併用足浴法，這是最理想的做法。

患者最初來到本診所時，沒有食慾，出現噁心、嚴重腹瀉、背肌痛等症狀。

半斷食是利用低速壓榨式的果菜榨汁機榨汁，營養食品是加倍投與胃酵素與腸酵素，同時投與強化免疫功能營養食品。一週內，症狀大幅改善。

二週後，隨著症狀改善，食慾大增。這時，除了果菜汁外，也加入固體食物，慢慢增加食養生法的內容。三個月後，接受超音波檢查，證明胰臟癌大幅縮小。半年後，情況更好，十個月後，狀況又更好，這的確是相當罕見的病例。

不只是胰臟癌，生食（水果＋生鮮蔬菜）併用酵素營養食品，對所有的癌症都有效。

◆胃腸障礙（腹脹、腹瀉、腐敗便、胃不消化、胃痛、口臭）

對於胃腸症狀最有效的就是酵素營養食品。能夠使所有養分迅速被分解，形成良便，具有大量排出毒素的作用。

不論是哪一種胃腸毛病，酵素營養食品是不可或缺的。

〔病例⑩〕慢性胃炎、慢性大腸炎、高脂血症（女性、75歲）

患者在一九九七年接受內視鏡檢查，發現罹患胃癌（非常小），進行切除三分之二的胃的手術。

術後情況良好，但是每三個月做胃與大腸的內視鏡檢查時，醫師都指出有強烈的發炎症狀（胃炎、大腸炎），而且膽固醇值也很高，始終保持在300 mg／dl左右（正常值為150～219 mg／dl）。

醫師表示：「通常動過胃癌手術的人都會發生這種情況，大概無法恢復到正常數值了。」後來，於二〇〇三年四月前來本診所。

照例實施以下三項。

①食養生（半斷食與食養生）

②投與機能性食品

③遠紅外線加上針灸治療

二個月後做內視鏡檢查（胃與大腸），胃炎、大腸炎全都改善，胃和大腸十分乾淨，連檢查的醫師都難以置信。

檢查資料的膽固醇值160mg／dl，完全恢復正常，現在身體狀況十分良好。

〔病例⑪〕慢性大腸炎、慢性胃炎、慢性胰臟炎（女性、38歲）

長年來為口臭、胃部不適、軟便所苦，後來症狀並沒有改善，於是前來本診所。

投與兩倍的胃酵素與腸酵素，使用生鮮蔬果實施半斷食療法。三週後，所有的症狀一掃而空，全身狀態得到驚人的改善。糞便變粗而且質佳，甚至一天排便三次。後來，每二～三個月回診一次，情況相當良好。原本較高的澱粉酶數值也恢復正常。

◆支氣管氣喘

提到氣喘，一次人會聯想到氣管與肺部疾病。就現象來看的確是如此，但事實上卻是腸的污濁造成的。

氣喘、異位性皮膚炎、鼻炎等過敏性疾病，會因為砂糖、高蛋白質而引起腸疾病，蛋白質無法分解為氨基酸（成為結合100個以上氨基酸的多肽狀態）被吸收，而在血中成為異物，引起抗原抗體反應，出現過敏反應。

要如何區分這三種過敏呢？

根據我的推測，應該是以大腸內宿便聚集的場所來區分。氣喘的元凶應該是升結腸和降結腸的宿便。這種說法也得到美國部分學者的認同。

這個疾病與腸有密切關係。只要去除大腸的宿便，改善腸內腐敗，就能夠改善症狀。但是長期大量使用類固醇荷爾蒙的患者，必須要花較多的時間來治療。

〔病例⑫〕支氣管氣喘（男性、59歲）

患者從25歲開始出現支氣管氣喘，30多年來，情況變得更為嚴重。發作時，並沒有使用類固醇，而是藉著支氣管擴張劑的噴劑和服藥來抑制症狀。

三年前來到本診所，指導他進行半斷食和食養生法，同時大量投與酵素營養食品（胃與腸）和強化免疫功能營養食品。三個月後，患者感覺好像痊癒了。

實行半斷食後，排出大量的宿便，不再出現氣喘。

在去除宿便的同時，也治好長達30年的氣喘。後來的三年內不曾發作。

〔病例⑬〕支氣管氣喘、肺氣腫（女性、62歲）

38歲那一年開始出現氣喘。因為經營美容院，所以原因可能是燙髮液。即使更換燙髮液，氣喘仍然惡化，後來的20多年因為經常發作而苦不堪言。最近幾年來，使用支氣管擴張劑，併用類固醇。

患者來到我的診所時，指導他①進行半斷食與食養生、②除了傳統的酵素營養食品和強化免疫功能營養食品的治療方式外，在發作時也可以隨時使用酵素營養食品，而且一週一次接受本診所獨特的物理療法（遠紅外線＋針灸）。

因為長期服用類固醇荷爾蒙，所以無法迅速痊癒。在進行半斷食的同時，依患者本人的意思中止使用類固醇，並且儘量少用擴張劑。結果，經過情形良好，一旦發作時，就趕緊服用酵素並飛奔來本診所（進行物理療法後，氣喘不再發作）。

去除宿便後，經過三～四個月，原本偶爾會出現的發作現象完全消失。

使用酵素製劑能夠完全治好鼻炎。

如果是異位性皮膚炎，必須要先利用半斷食療法讓體內的毒素排出體外。能夠忍耐度過這個階段的人，才能夠完全治好。

◆糖尿病

糖尿病也是因為酵素不足、陽內腐敗引起的典型疾病。

飲食方面要攝取足夠的水果。水果中含有很多的果糖，很多人認為它的熱量很高，但是糖尿病患者如果因此而不攝取水果，那就大錯特錯了。

果糖的代謝途徑和砂糖（蔗糖）不同，與胰島素也完全無關，所以不需要動員胰島素。美國的代謝學專家馬克思博士說：「果糖與糖尿病無緣。因為攝取果糖完全不需要動員胰島素。」事實上，糖尿病患者在意識異常而被送醫時，幾乎所有的醫師會先為患者打「果糖」點滴，再考慮要做何種處置。

因為醫師知道果糖絕對不會讓血糖值上升。亦即果糖點滴就是將果糖中的礦物質注射到體內。

果糖的熱量很低。像餅乾100公克中有492大卡的熱量，哈密瓜100公克中只有43大卡的熱量。雖然很甜，但熱量較低，的確很神奇，這就是水果的魅力所在。

早餐只吃水果（我會加上一個醃鹹梅），午餐吃生鮮蔬果（一種），晚餐吃生鮮蔬菜加海帶湯，持續一週。之後進行食養生半斷食療法，則能夠大幅改善糖尿病病情。只要遵從指示，就能使疾病痊癒。

〔病例⑭〕糖尿病、輕度慢性腎障礙（男性、65歲）

血糖值經常在200 mg／dl以上，持續30年從醫院拿降血糖劑回家服用。來到本診所後，進行半斷食療法，投與酵素營養食品。三個月後，血紅蛋白A1C回到5.2％的正常範圍，FBS（飯前血糖）為80 mg／dl。當然不需要再服用降血糖劑了。

後來也注意飲食，數值和身體狀況都十分良好。雖然仍出現血尿，但改善了不少。腎功能恢復正常（肌酸酐值從1.4改善到0.9）。

◆風濕、膠原病

這也是原因不明的自體免疫疾病。一九九〇年，日本愛知醫科大學的青木重九教授發表原因是腸內大腸菌O—14株和魏氏梭狀芽孢桿菌的抗原抗體反應。利用老鼠做實驗，發現大腸菌O—14株和魏氏梭狀芽孢桿菌混合引起的過敏，使得60％的老鼠出現風濕症狀。亦即原因在於腸內腐敗。

治療重點是：

①半斷食

②投與酵素營養食品和強化免疫功能營養食品

③物理療法

藉此能使腸內害菌銳減，杜絕風濕的根源，這才是根治療法。

我利用這三種方法治好許多患者。

〔病例⑮〕風濕（女性、67歲）

風濕史長達20年。三年前使用類固醇，最近，好像類固醇全都積存在腸內似的，疼痛無法治好，風濕未見改善而且引起腫脹，於是前來就醫。

實施上述三種療法。

結果，腫脹完全消失，疼痛大幅減輕。半年後症狀好轉，長年來引以為苦的風濕消失得無影無蹤。類固醇的用量也慢慢減少，半年後中止使用。

◆慢性肝炎（C型）

很多醫師對於慢性肝炎一直是採用錯誤的療法。

我曾經在某醫大的肝研究團體服務，在那兒不曾看過食物療法能夠治好慢性肝炎。而許多在其他醫院接受療的肝炎患者，也因為錯誤的飲食指導而陷入悲慘狀態。

我所謂錯誤的飲食指導是指什麼呢？西醫對於肝炎的飲食指導是「攝取高蛋白質」，這就是錯誤的關鍵。

「為什麼肝炎患者不能夠攝取高蛋白食呢？」例如血中氨容易增加的肝炎患者，一旦攝取高蛋白，氮殘留物在腸內大量增加，使得血液更為污濁，導致肝炎惡化。

高蛋白食是指魚、肉、蛋、豆腐、納頭料理等，豆腐、納豆還可以，可是每天持續吃魚、肉、蛋，會使得肝炎惡化，甚至超過肝硬化的狀態，很快引起肝癌。

肝炎患者的腸是污濁的，最初甚至連豆腐、納豆都不要吃，進行半斷食療法，使腸淨化後才補充營養，否則症狀無法改善。一開始就攝取高蛋白食，會使病情惡化。

攝取蛋白質，會成為氨基酸。攝取氨基酸，當然會對身體發揮有益的作用，但是問題在於氨基酸和蛋白質的中間物質。蛋白質是由數萬個氨基酸結合而成的物質（氨基酸就如同支柱一般）。中間物質是氮殘留物，這是污濁血液的根源。攝取大分子的蛋白質，會使得氮殘留物產生劇毒，罹患肝炎時更要注意。

氨基酸或分解到近乎氨基酸的食物如下。

①本身含有氨基酸的食物──水果、黑醋、醋

②能夠將蛋白質分解到近乎氨基酸的食物──發酵食品（味噌、醬油、凍豆腐、豆腐

渣、生豆腐皮、豆腐、納豆等）

攝取這些食物較為理想，理由是能夠攝取到優質氨基酸以發揮有益的作用。

如果是肝炎患者或罹患其他疾病的人，關於②的例子，首先為了消化成氨基酸，需要藉助酵素製劑的作用。就算蛋白質能夠充分被分解，也可能會造成消化不良，不見得會成為氨基酸，反而會成為毒物。

不良的氮殘留物是指吲　、糞臭素、硫醇、胺、氨、酚、硫化氫、組織胺等。水果、黑醋對身體很好的理由之一，就是含有豐富的氨基酸。

那麼，為什麼很多醫師會指導肝炎患者攝取蛋白質呢？

這是因為在美國對酒精依賴症的患者投與蛋白質，結果改善症狀，因此認為對肝炎可能較好。就這樣，很多醫師也不知不覺的認為「肝障礙患者要攝取蛋白質」。

這30年來，營養學有了驚人的發展。在美國也將「肝炎要使用蛋白質」的治療法視為是過去的遺物。而且，因為傷風而到附近診所就醫時，美國的醫師也不再建議病人「要多攝取營養食品」。

以營養食品的方式攝取優質維他命、礦物質，多吃生鮮蔬果，這就是一般醫師的指導方法。如果不慎將高濃度的營養物攝入體內，全身的酵素忙於處理這些物質，反而會阻礙代謝作業，使病情更加惡化。不論是傷風感冒或肝炎，都是相同的情況。

治療肝炎仍然要實踐以下三種方法。

①半斷食（營養療法）

②最好的營養食品（尤其是酵素製劑和蕈類製劑）

③物理療法（活用遠紅外線機器等）

〔病例⑯〕C型肝炎、肝硬化、食道靜脈瘤、高血壓（女性、62歲）

血壓較高（為180～200／100mmHg左右）。從三年前開始，罹患C型肝炎，最近，醫師診斷為肝硬化、食道靜脈瘤。經常擔心靜脈瘤會破裂。身體沈重、頭痛、肩膀酸痛、腰痛、背肌痛。早上起床覺得很痛苦，不易熟睡，容易從睡眠中驚醒。

首先，讓患者實行半斷食療法，給予酵素製劑與蕈類製劑營養食品，同時投與鎂製劑等。此外，還進行針灸、遠紅外線治療。一個月內出現很大的效果，能夠熟睡，肩膀酸痛、頭痛等疼痛完全消失，血壓降為150／80mm。

因為肝硬化，所以肝功能無法迅速好轉。

半年後，患者變得年輕許多，完全判若兩人。肝硬化的數值（膽鹼酯酶和總膽固醇值）獲得改善，血壓恢復到130／70mmHg的正常值。每天都能夠過正常生活，不會覺得疲勞。沒有酸痛等疼痛現象。連嚴重的肝硬化都能夠逐漸好轉，令我十分驚訝。

〔病例⑰〕C型肝炎（男性、59歲）

由慢性肝炎轉為肝硬化，因而前來就醫。

採用與前例相同的治療法。

肝功能數值（GOT、GPT）大幅改善，從四千降為40。肝炎病毒從一萬降為100。

實施這個治療法，連病毒都會減少，這證明不良的病原病毒也是來自於腸。

◆孕吐、難產

懷孕後，最令人擔心的就是「孕吐」和「難產」。每個孕婦都希望懷孕期間不要出現孕吐，最後能夠平安自然的生產。

事實上，要達成目的並不難，以下的方法有所助益。

①懷孕前和懷孕期間，每天三餐攝取含有豐富酵素的食物（生鮮蔬果）。

②攝取酵素營養食品（天然產品）

孕婦們實行這二種方法後都說有效。

〔病例⑱〕孕吐、難產（女性、36歲）

這位女性在懷孕期間持續引起「孕吐」，生產時面臨難產的困擾。計畫生第二胎時，為了避免像第一胎一樣痛苦，於是接受本診所的建議。持續一年攝取酵素含量豐富的食品，同時併用酵素營養食品，待體質改善後再度懷孕。懷孕期間過著相同的飲食生活。結果完全沒有出現孕吐。生產時沒有劇烈疼痛，短時間內就順利產下孩子。

11

鶴見診所的健康指導
讓你多活20年

從酵素營養學來看「疾病的機制」

不論疾病的輕重，一言以蔽之，酵素營養學的基本概念就是「所有疾病都是代謝酵素不足而引起」。

疾病是因為無法順暢代謝而產生。亦即原因在於代謝酵素不足。代謝酵素不足是由於消化不良導致消化酵素不足。因為引起會導致消化酵素不足的消化不良現象，使得代謝酵素必須暫時停止代謝活動，轉而用來進行消化活動，亦即要補充消化酵素。

這時，因為疏忽代謝而引發疾病。追本溯源，疾病的元兇是「消化不良造成消化酵素過度消耗」。

消化要花較多的時間，原因在於各種「錯誤的飲食和飲食生活」。過著錯誤的飲食和飲食生活，使得代謝活動無法進行，就會最疏忽代謝之處出現疾病。

那麼，消化酵素加上代謝酵素進行消化，是否就能夠讓消化順暢的進行呢？事實上，仍然免不了會出現消化不良的現象。

消化不良的現象，即使是「消化酵素＋代謝酵素」也無法挽救（在人類所有的生命現象中，消化是最消耗熱量的行為）。消化不良的結果，使得腸內出現腐敗和異常發酵的現象。

腸內腐敗菌增加時，血液變得污濁，污濁的血液必須由代謝酵素來處理。代謝酵素是去除血液污濁最有力的物質。

但是，有時代謝酵素對於淨化污濁的血液仍力有未逮，使得血液變得污濁。這是因為來自腸，污染血液的根源氮殘留物（胺、酚、吲哚、硫醇、組織胺）侵入血液所致。

更棘手的是，雖然代謝酵素力有未逮，但其又轉而運用在消化活動上，使得酵素量減少，造成血液更容易污濁，全身受到侵襲。

前面提及，人體內的酵素一生存在一定的量。一生存在定量的酵素稱為潛在酵素，潛在酵素又包括用來代謝的代謝酵素以及用來消化的消化酵素。

一生存在定量，以車子來比喻就是電瓶。一旦電瓶沒有電，車子就無法發動，這就相當於人類的死亡。類似電瓶的潛在酵素驟然減少時會引起疾病，因此，保存電瓶的電力，亦即保存酵素是健康的絕對條件。

保存酵素不可或缺的要素，就是「力行生食」和「攝取酵素營養食品」。遵守這兩個原則，避免無端的浪費酵素，就不會生病而且能夠長壽。

在第二章之後曾經提及，根據酵素營養學，疾病的成因如下：

不良的飲食或飲食生活↓酷使消化酵素↓消化不良↓酷使代謝酵素↓潛在酵素銳減↓引起疾病

因此，疾病的根源在於「錯誤不當的飲食」。

徹底改善「與飲食有關的9大惡習」

對於引起消化不良的「不良的飲食」或「不良的飲食生活」，鶴見診所有以下的說明，希望大家努力改善這些惡習。

(1) 戒除只吃加熱食物或「生食」很少而以加熱食物為主的飲食（沒有酵素或酵素不足的飲食）習慣

一旦加熱後，食物內的酵素會死亡。加熱食物是沒有酵素的食物。只吃這種食物，體內的消化酵素必須充分的運作。但是，人類的生理機能卻無法藉由加熱食物順利的展開活動。

在胃上部的胃底，本質上是對於吃下的生食進行預備消化的場所。這就是每天要生食的理由。一旦缺乏生食或完全不攝取生食，會酷使潛在酵素（就好像大幅浪費電瓶中的電力一樣），使得酵素驟減而生病。

但是健康人只要多攝取生食，則即使吃加熱食物也不會產生問題。

(2) 戒除吃消夜或進食後馬上睡覺的習慣

晚上八點到凌晨四點，本質上是讓吸收的營養同化的時間帶，並不是攝取食物的時間帶。在這個時間帶進食會大量消耗酵素，容易生病。此外，進食後立刻就寢也不好。

人類在夜晚睡覺時，消化酵素也會休息，相反的，代謝酵素會展開活動（白天則與夜晚相反，由消化酵素展開活動）。

進食後立刻睡覺，則在眠時原本不需要活動的消化酵素不得不發揮作用，活動力較弱會大量消耗，容易引起各種疾病。

(3) 戒除飲食過量的惡習

飲食過量會消耗掉大量的消化酵素。一生中體內存在定量的潛在酵素會不斷的減少，遲早會引發疾病。

超肥胖者不會長壽，就是因為體內酵素容易枯竭所致。尤其代謝酵素，再怎麼努力也跟不上工作量，因此會急遽減少，對肥胖者來說，長壽的可能性降低。

(4) 戒除早餐吃太飽或吃固體食物的習慣

現代人並不是很重視早餐，但大部分的人都認為「早餐要好好的吃」。

事實上，以前的人一天只吃二餐，或早餐只吃一些簡便食物。直到近幾十年來，很多專家和學者們大力呼籲早餐很重要，一定要吃早餐。

結果，癌症、慢性病急速增加。

對人類健康而言，不吃早餐或只吃一些東西是最理想的。為了說明理由，在此簡單敘述將人類生理分三階段的「24小時週期的身體規律」

◎24小時週期的身體規律

❶凌晨四點～中午為止是排泄的時間帶——排泄

❷中午～晚上八點為止是吸收營養的時間帶——攝取與消化

❸晚上八點～凌晨四點為止是同化的時間帶——吸收與利用

（被吸收的營養循環體內成為細胞的時間帶）

將人類生理以24小時區分為三階段的想法，是美國「基於自然法則生命科學理論」的基本想法。凌晨四點～中午為止是人類排泄的時間帶。

人類在凌晨四點～六點為止的睡眠時間內的確會流汗，有時甚至會大量流汗，早上醒來時，發現內衣褲都充滿了汗水。醒來後最初進行的第一件事通常是排尿，不久後就會排便。

亦即早上是進行排汗、排尿、排便三大排泄的時間。醒來前排汗，醒來後排尿、排便，這是很自然的行為。藉由這三種排泄，將體內蓄積的疲勞物質、毒素、廢物排出體外，就能夠淨化身體。

問題是在這段排泄的時間帶（凌晨四點～中午）要吃些什麼東西較好呢？早上是排泄毒素的時間帶，所有臟器都還處於半睡眠狀態下，酵素活動不活絡。

晚上十一點就寢，早上七點起床，在這段時間內，消化酵素也同樣在休息狀態中（相反的，代謝酵素在活動）。

人體在早上處於這種狀態，要絕對避免吃消化不良的食物。

Breakfast 是「早餐」的意思，原本是宗教用語。Fast 的意思是「斷食」，break（打破）這個斷食，就是早餐的意思。

如果前一天晚上七點吃晚餐，那麼打破12小時短期斷食的飲食就是「早餐」。所以，斷食後要避免攝取大量的食物。

早餐吃不易消化的食物，就必須要讓大量的消化酵素拚命工作。一旦全身代謝活動無法順暢的進行。對所有臟器都會造成負擔。不斷催促工作過度的臟器使其發揮作用，容易引起疾病。

最適合當成早餐的食物是水果。

水果的特徵是水分含量多（70～90％是水分），而且水分中含有豐富的礦物質、維他命，充滿活酵素。

水果中還含有大量的抗氧化物質，以及少量優質的脂質，也含有蛋白質被分解後的氨基酸。

雖然水果中含有大量的果糖或葡萄糖，但卻是低熱量食物。（例如哈蜜瓜100公克只有43大卡的熱量，甜柿為56大卡。而100公克的餅乾卻有492大卡的熱量，洋芋片為516大卡，花梨糖為550大卡。）

水果中含有完全不會引起糖尿病的果糖。果糖中的果糖酶會發揮作用，不需要動員到胰島素，所以不會罹患糖尿病。

(5) 戒除肉、魚、蛋、牛奶攝取太多的惡習

這些高蛋白、高脂肪食物容易引起消化不良，同時會大量消耗消化酵素或消化液，所以不宜多吃。

完全不含纖維，這也是它的缺點。非吃這些東西不可時，則最好二天吃一次。如果每天都想吃，那麼晚餐少量攝取比較適合。

在吃這些食物的同時也要加倍攝取生鮮蔬菜，並且攝取優質的酵素營養食品。

肉、魚、蛋、牛奶中最容易消化的，當然是生的食物，亦即生魚片和優質的生肉，但也不宜多吃。

◎牛奶對健康不好的真正原因

對人類來說，牛奶並不是什麼好飲料。二〇〇〇年哈佛大學發表的報告，給愛喝水奶的人當頭棒喝。

報告內容是，持續12年對七萬八千名愛喝牛奶的女性進行追踪調查，發現所有女性的骨質疏鬆症反而變得嚴重。

牛奶中缺乏能將鈣運送到胃的礦物質，尤其缺乏鎂，所以才會產生這種現象。

光有鈣而缺乏其他礦物質的牛奶，其中所含的鈣非但無法成為骨骼，而且遊走於血中各處為非作歹。

結果成為腎結石、膽結石等結石，以及動脈硬化、腰痛、背肌痛、頭痛、膝痛、坐骨神經痛等所有疼痛，還有高血壓、小腿肚抽筋、狹心症、心律不整和癌症等症狀的元兇。

這些症狀都是因為鈣與鎂不平衡造成的。並不是鈣本身不好，而是與其他礦物質之間的平衡出了問題。

牛奶中含有豐富的鈣，但是與其他礦物質之間未能取得平衡，結果成為不良的飲料。對人類來說它不是好東西，但是對剛出生的牛來說，卻是平衡最佳的食品。

不過，一歲半以上的成年牛就不太喝牛奶了。因為牠們本能的知道牛奶成分與自己的身體不合。

連牛都不喝的牛奶，為什麼人類非喝不可呢？這實在是令人不解。以下是從另一個角度來探討牛奶的問題。

瑞典倫德大學附屬的馬爾梅大學醫院的克雷博士說：「嬰兒在出生後至少一年內要攝取母乳或特別調配乳（嬰兒用牛乳）來哺育。餵食市售的牛奶或乳製器會損害健康。」

克雷博士還說：「牛奶和乳製品會使對嬰兒而言重要的食物水果或穀類的價值蕩然無存。」理由如下。

①牛奶含鐵量較少，會抑制海藻、豆類等非血紅素鐵的吸收，有可能引起血便。

②牛奶中含有很多動物性脂肪，會對嬰兒的腎臟或代謝造成負擔，促進胰島素分泌。

喝牛奶的嬰兒較容易成為肥胖兒童，不喝牛奶的嬰兒較不會成為肥胖兒童。

肉、魚、蛋、牛奶的最大特徵，就是其為高蛋白、高脂肪食物。人體內原本就沒有能夠分解這些高蛋白、高脂肪食物的消化酵素（蛋白酶或脂肪酶）。

可能是因為原本人類長久以來就不吃這些食物的緣故吧！因此，就算少量攝取這些食物，也一定會出現消化不良的現象。結果，出現血便、殘便、臭便、腹瀉、腹脹等症狀，而且血呈串連狀（紅血球形成串連狀），容易引起各種疾病。

引起這些症狀，是因為蛋白質無法順利被分解成氨基酸，氮殘留物積存在體內所致。人類攝取高蛋白食物，酵素來不及將其分解，就會引起消化不良。

100多個氨基酸相連在一起形成多肽。蛋白質在這種狀態下停止分解而被腸吸收後，就會引起過敏症狀。

因此，高蛋白食物是一切疾病的根源。換言之，它也是消耗消化酵素最大的因素。

想要攝取優質蛋白質，最好攝取已經分解成氨基酸的蛋白質。同時，也要攝取蛋白質分解酵素製劑。

◎取代牛奶的蛋白質來源

聰明攝取蛋白質的方法如下。

①不要吃太多

②攝取接近氨基酸或已經分解成氨基酸的蛋白質。

已經分解成氨基酸的食物，就是水果和黑醋。另外，分解到近乎氨基酸的食物，則是發酵食品（味噌、醬油、凍豆腐、納豆、豆腐、發酵魚肉、生豆腐皮等）。

(6)避免攝取太多的砂糖（蔗糖）或使用砂糖製成的點心

砂糖是葡萄糖、果糖結合的雙醣。結合力強，就算是酵素或氨（胃酸）也無法使其分開。進入胃後會停留六個小時。

因此，用來消化的碳水化合物分解酶（胃蛋白酶或澱粉酶）的量極多。此外，使用砂糖製成的點心會成為害菌、真菌的餌食，使這些菌類繁殖，導致腸內腐敗，同樣的也會出現消化不良的現象。

(7) 戒除生吃種子（豆類）的習慣

糙米、大豆、小紅豆、菜豆、豌豆等豆類，絕對不可生吃。

種子具有發芽的重要作用，不斷的冒芽，則種子一定會滅亡。所以，種子內含有只在一定條件下才會發芽的優良物質，也就是「酵素抑制物質」。

等到季節來臨，擁有適當的溫度時，酵素抑制物質喪失功能，種子就能發芽。但是種子中一定存在著酵素抑制物質，生吃種子，無異是食用抑制酵素的物質，結果，使得體內消化酵素的消耗量暴增，甚至因為酵素消耗殆盡而引起死亡。西瓜、梅子、葡萄、柿子、南瓜、橘子的種子等，絕對不可生吃。但是種子經過發酵、煮熟後（只要不是生的）就可以吃，因為其中的酵素抑制物質已經消失了。

(8) 避免攝取氧化油脂或轉移型油脂的食品

經過一段時間會氧化（腐敗）的油，就是多元不飽和脂肪酸的油脂。氧化或轉移型的油脂會引起消化不良。

氧化油脂或轉移型油脂的食品會造成消化不良，成為細胞毒，要避免食用。另外，它也會大量消耗脂肪酶（消化油的酵素）。

(9) 避免量攝取酒類（啤酒、清酒、威士忌、伏特加等）

酒是百藥之長，但遺憾的是，本質上對身體而言它並不是好東西。其優點是能夠活化胃腸功能，消除鬱悶並放鬆精神，不過，就營養學的觀點而言，它幾乎沒有好處。

喝酒會大量消耗酵素。根《Menopause Without Medicine（依賴藥物的更年期障礙對策）》的作者林達・歐傑達博士的說法如下：「酒會抑制體內吸收維他命群，也會引起鎂、鉀、鋅濃度的混亂（降低）。」

活到109歲高齡的諾曼・渥卡醫學博士也說：

「酒會慢慢的破壞肝組織，也會對腦神經造成不良影響，使得洞察力、集中力、運動功能混亂。」

長期喝酒，肝臟會遭到破壞，身體成為酸性體質。容易生病，肌肉疼痛，容易罹患乳癌、肝癌、高脂血症、動脈硬化、心臟與腎臟障礙等，對腦也會造成不良影響。

但是，勉強戒酒會使壓力積存，所以首先從減少酒量開始做起。

聰明喝酒的重點如下。

●一週喝三~四次，設定三~四天的「休肝日」。

●少量喝酒，不要喝得爛醉如泥。啤酒喝二~三杯，威士忌喝一~二杯。

●喝酒時要多攝取酵素營養食品。

●最好飲用紅葡萄酒，因為其含有多酚類的抗氧化物質，對身體很好。此外，紅葡萄酒是唯一的鹼性酒精飲料，喝太多會引起宿醉，要注意。

前來本診所的患者，我們會視情況給予以上的建議。

12

半斷食——預防疾病與抗老化的酵素儲蓄法

預防疾病從半斷食開始

預防疾病、確保健康的方法就是食養法，食養生中最能夠快速奏效的方法，就是半斷食（斷食實踐療法）。

在第十章中介紹很多利用半斷食改善病情的病例。而在本書的最後，說明利用半斷食當成預防疾病與抗老化的最佳酵素儲蓄法。

fasting在英文中是「斷食」的意思，而我提出的fasting是「半斷食」的意思，與完全斷食稍有不同。亦即要持續數日或數週少量攝取任何東西。

一般而言，完全斷食只能喝水，半斷食則可以少量攝取食物，循序漸進的增加食量。酵素營養學之祖艾德華・豪爾博士，將半斷食法稱為「異化營養療法」。

目前在歐美盛行「半斷食法」。半斷食包括要歷經數個月循序漸進的方法（③），以及臨時、亦即只要花2～6天進行的方法（①），或是介於兩者之間、亦即要進行1～3週的方法（②）。不論哪一種都有效。

①短期半斷食（2～6天）

②中期半斷食（7～20天）

③長期半斷食（21～3個月）

問題在於「少量」食物的內容。食物有很多種，這時絕對要「以含有酵素的食物為主」。

理由是，斷食的目的是要「保存體內酵素」，因此必須要攝取含有酵素的食物。「保存酵素斷食」才是得到健康的最高秘訣。

法國人積極的實踐半斷食法。在法國的營養學家當中，有人將半斷食稱為「不需要手術刀的手術」。這的確是很貼切的比喻。

感覺身體異常或已經生病時，要立刻實踐半斷食療法。

半斷食的神奇效力

①保存體內的潛在酵素

我們在每天的生活中會持續使用酵素，但是體內的酵素並不是取之不盡、用之不竭。特別是持續追求美食，會大量消耗酵素，使酵素大幅減少。這就是縮短壽命最糟糕的不健康法。

原則上，只要實行短期半斷食即可，但如果實踐中期、長期半斷食，就更能夠大幅減少潛在酵素的浪費。

②所有臟器都獲得休息

所有的臟器，尤其消化系統會因為食物攝取過量而工作過度。例如肝臟無法應付之允分運轉的作業時，就會充斥毒素。

利用半斷食發揮讓臟器得到休息的效果，就能夠抑制發炎。

③淨化大腸

半斷食的直接效果，就是能夠清掃充滿宿便的大腸。想要淨化大腸，與其採用①的短期半斷食，不如實踐②的中期或③的長期半斷食較好。

食物附著於大腸腸壁而成為宿便，會產生腐敗毒，腸也會吸收腐敗毒。這時，就會製造出污濁的血液並流遍全身，引起疾病。

積存宿便，百害無一利。除了半斷食療法外，沒有其他方法能夠去除宿便。利用半斷食去除宿便，使腸保持乾淨，才能夠創造健康的身體。

④淨化血液

淨化大腸和小腸後，首先能夠改善血液的品質，減少毒素紅血球，解除紅血球的串連，讓每個紅血球獨立。一旦血液變得乾淨，紅血球的功能恢復，就能夠強化淋巴球和白血球的力量以提高免疫力。

⑤強化免疫

血液乾淨，就能夠活化白血球和淋巴球的功能。同時，也能夠產生力量強大的免疫物質細胞激素，進而發揮抗炎、抗腫瘤、抗菌、抗病毒等作用。而能夠強化免疫的最有效方法之一，就是半斷食。

⑥排毒效果

實行半斷食的好處，不只能夠去除小腸或大腸的宿便，也能夠消除全身細胞的「細胞便秘」。

所謂細胞便秘，是指存在於每個細胞中的宿便。細胞內的毒素無法順利排出時，細胞內就會殘留污濁的毒素。其中包括ＬＤＬ膽固醇（壞膽固醇）、中性脂肪（三酸甘油脂）以及各種碎片（污垢）、真菌（黴菌）、病原菌和病毒等。

這些物質的存在會使得細胞生病，引起身體發炎，成為各種疾病的原因。長期實踐半斷食，能夠使這不良細胞變成好細胞。

⑦改善疾病

中期半斷食↓正常的飲食↓中期半斷食（或長期半斷食），持續過著這樣的飲食生活，能夠去除或改善所有的疾病。包括癌症、過敏、膠原病、慢性病、心臟病、腎臟病、肝病、腦的損傷等，所有疾病都能夠好轉。

⑧確保理想體重

肥胖的人，是因為細胞便秘而形成廢物的細胞造成肥胖，所有臟器都處於劣質狀態，堪稱是一觸即發的發病前階段或已經生病了。

實行半斷食的最後目的，就是製造優質細胞、去除不良細胞，因此，原本肥胖的人能夠確保健康的理想體重。反之，體重正常的人如果經常攝取不良的食物，體內就會充斥劣質細胞。

這些人需要實行半斷食。首先，要減輕到比適當體重更輕的體重，也許外表上看起來無精打彩，但不用擔心，這是將劣質細胞轉換為優質細胞的必經過程。

等到身體變苗條、擁有優質細胞後，稍微多吃優質食物，就能夠恢復到理想體重。

⑨改善呼吸和循環系統

持續進行半斷食後，首先感覺到的是呼吸變得順暢。心悸、呼吸困難等症狀一掃而空，感覺空氣清新。

串連的紅血球分散開來，在適當的養分送達全身的同時，氧也能夠運送到全身。首先感覺到呼吸系統得到改善，這是因為受到大氣污染而污濁的肺變得乾淨、能夠順利供給氧所致。

⑩鎮痛效果

疼痛的確令人困難。利用半斷食淨化血液，使TCA循環（檸檬酸循環）順暢進行，就不再出現因為紅血球串連而產生的替代能量循環（厭氣性能量循環），乳酸不會進入肌肉內，能夠消除所有疼痛。

⑪頭腦、感覺變得靈敏

半斷食能夠去除腦內血液的污濁，使腦神經順暢的運作，治好頭痛的毛病。記憶力復甦，順暢的運作思考迴路，感覺變得更加敏銳。

以下為各位介紹本診所實施的「半斷食法」（適合胃腸較弱的人）。

＊　＊

閱讀到這裡的朋友，幾乎每個人的手上都已經握有健康長壽的證書了。希望大家能夠積極攝取有酵素的食物，並充分利用酵素營養食品，以確保終生維持健康並獲得長壽。

（※①）「1 種水果」的大致份量

蘋果（1/3 ～ 2 個）、草莓（4 ～ 16 個）、
香蕉（1/2 ～ 1 根）、桃子（1/2 ～ 1 個）、
葡萄柚（1/2 ～ 1 個）、柿子（1/2 ～ 2 個）、
木瓜（1/6 ～ 1/4 個）、奇異果（1 ～ 2 個）、
梨子（1/2 個）、橘子（1/2 ～ 1 個）、
櫻桃（10 粒）、葡萄（10 ～ 30 粒）、
柑橘（1 ～ 2 個）、西瓜（1 片）、
哈蜜瓜（3 片）、無花果（1 ～ 2 個）、
夏橙（1 個）、枇杷（3 ～ 4 個）、
桶柑（1 個）、椪柑（1 個）、
藍莓（20 ～ 25 個）、蕃茄（1 ～ 3 個）

（※②）生吃的蔬菜

萵苣、苦苣、水芹、蔥、高麗菜、紫高麗菜、
青椒、紅辣椒、胡蘿蔔、小黃瓜、小胡蘿蔔、
白蘿蔔、青紫券、荷蘭芹、西洋芹、洋蔥、番茄、
秋葵、生菜、蕪菁、蘘荷、苦瓜、小油菜、
苜蓿、茼蒿、白菜、各種芽菜、菠菜
（菠菜可以燙過）

適合胃腸較弱的人的「半斷食法」

※ 不論哪個方法，每天早上都要喝 1 大匙亞麻仁油（可能的話，中午也要喝）。同時要適量飲用對身體好的茶。
※ 各種方法的期間（天數）依症狀的不同而有不同。
關於半斷食的詳情，最好和醫師商量後再實行。

A 法

〔早餐〕……❶水果 1 種（※❶）　❷醃鹹梅 1 個　❸好茶（❶的參考例：少量鳳梨等）
〔午餐〕……❶醃鹹梅 1 個　※ 肚子餓時就喝水
〔晚餐〕……❶醃鹹梅 1 個　❷番茄 1 個或小黃瓜 1～2 根，或番茄 1 個加小黃瓜 1 根

B 法

〔早餐〕……❶水果 1～2 種　❷白蘿蔔泥　❸醃鹹梅 1 個（❷的量為 1 碗左右，可以淋上少許醬油和亞麻仁油）
〔午餐〕……❶番茄 1 個、水果 1 種
〔晚餐〕……❶水果 2 種　❷番茄 1 個　❸白蘿蔔泥　❹醃鹹梅 1 個　❺海苔（短條狀 3～4 片）
（❸的量為 1 碗左右，可以淋上少許的醬油和亞麻仁油）

C 法

〔早餐〕……❶番茄 1 個　❷水果 3 種　❸醃鹹梅 1 個　❹白蘿蔔泥
（❷的參考例：蘋果 1 個、奇異果 1 個、全熟香蕉 1 根等）
（❹的量為 1 碗左右，可以淋上少許醬油和亞麻仁油）
〔午餐〕……❶番茄 1 個、水果 1～2 種　❷海帶湯
（❷的作法是在碗中放 1 小撮海帶泥，加入少許的鹽、醬油，倒入滾水）
〔晚餐〕……❶醃鹹梅 1 個、醃漬菜少許　❷生蔬菜（※❷）與海藻的沙拉（加入芽菜）　❸水果 1～2 種　❹海苔（短條狀 3～4 片）　❺海帶湯
※❷的調味醬是亞麻仁油、醬油、碎芝麻、熟芝麻、醋、胡椒、山葵等。
（注）亞麻仁油接觸到空氣後就會氧化，因此，淋入生菜沙拉半小時內要吃完。

（圖 5）

人體的主要構造

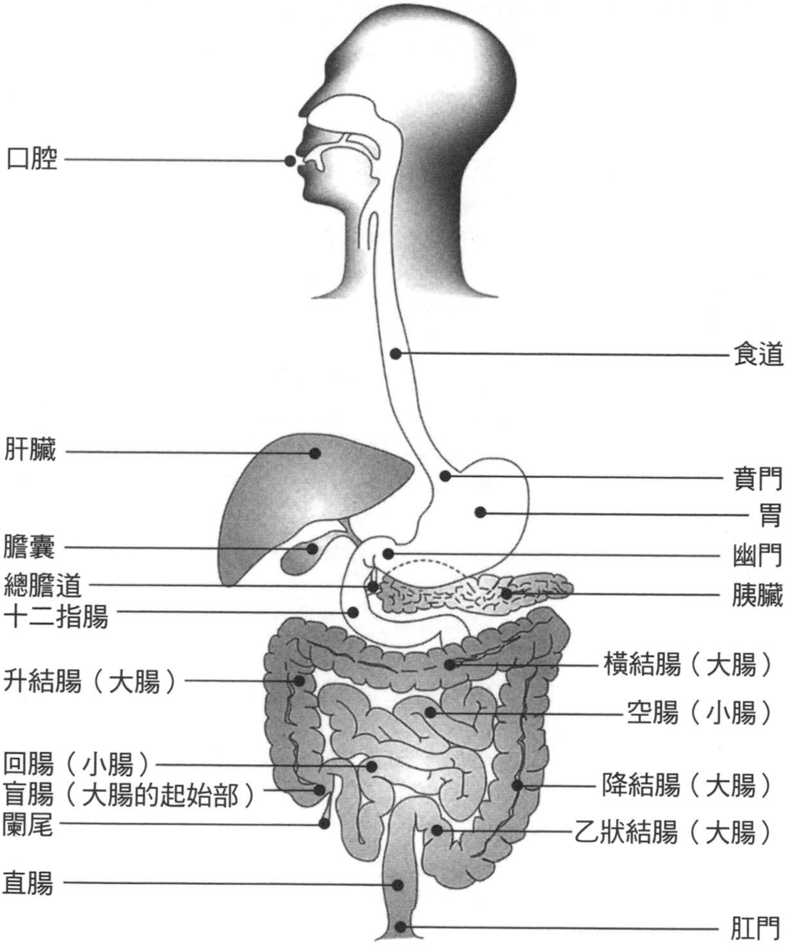

（根據《簡易營養學》吉田勉編著）

致讀者

對生物學很感興趣的我，研究超越人類智慧、具有生命能量的酵素物質是我的工作。原本要經過數百年、數十年長久歲月的過程，藉由酵素的觸媒（催化）作用瞬間就可以變換。換言之，如果沒有酵素，則進入我們胃內的食物仍會維持原狀，無法被消化分解。結果，養分無法在體內循環，掌管身體功能的代謝活動也無法進行。

豪爾博士說：「酵素是生命之光（Enzyme, The Sparks of Life）。」

閱讀本書後，相信各位都知道對人類而言酵素是重要的物質。距今50多年前，豪爾博士就已經以營養學的觀點研究酵素，將食物酵素納入治療法中。博士這種想法在一九八〇年代於「疾病與食物的關係」中正式發表，受到全美醫師的注目。

藉著卡特拉博士、菲拉博士等許多營養療法專家的臨床治療，證明食物酵素療法能夠改善許多慢性病，同時具有防止藥物副作用引起免疫力降低的效果。醫療從業人員併用酵素療法後，都展現極大的成果。

我得到推薦酵素療法的醫師們的協助，製作運用植物生命力的食物酵素營養食品，而且致力於研究深不可測的酵素力量。不只是美國，我也希望能夠將此營養療法推廣到全世界。

在國內，營養療法已經得到許多人的支持，而酵素療法可說是營養療法中最重要的一環。因為好的營養不在於你吃了什麼，而是在於應該消化、吸收些什麼（Good Nutrition is NOT what you eat, but what you eat, DIGEST, and ABSORB.）。這就是酵素療法的原點。

本書作者鶴見隆史先生「酵素療法的臨床經驗」，以及蒙爾博士的「酵素營養學理論」，深受許多追求健康的民眾支持，而且也透過許多專家推廣，希望和美國一樣能夠讓民眾普遍接受食物酵素療法。

洛伊・梅迪卡（酵素學博士、

「豪爾博士酵素營養學研究所」所長）

Note

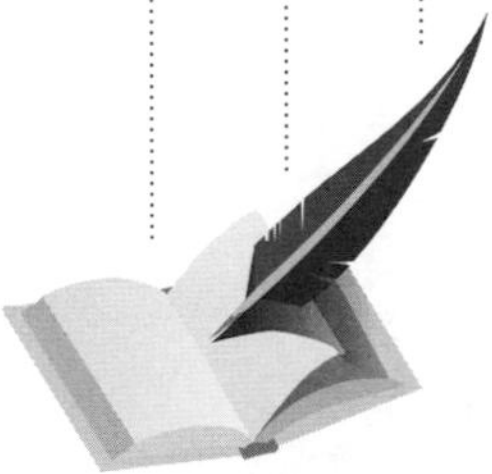

國家圖書館出版品預行編目資料

超級酵素：日本酵素權威醫師教你認識酵素,遠離病痛/鶴見隆史作；劉雪卿譯. -- 初版. -- 新北市：世茂, 2014.1
面；　公分. --（生活健康；B377）
譯自：スーパー酵素医療：最強の福音！
ISBN 978-986-5779-02-3(平裝)

1.酵素　2.健康法

399.74　　102016837

生活健康B377

超級酵素：日本酵素權威醫師教你認識酵素,遠離病痛

作　　者／鶴見隆史
譯　　者／劉雪卿
主　　編／陳文君
責任編輯／張瑋之
封面設計／鄧宜琨
出 版 者／世茂出版有限公司
負 責 人／簡泰雄
地　　址／(231)新北市新店區民生路19號5樓
電　　話／(02)2218-3277
傳　　真／(02)2218-3239（訂書專線）、(02)2218-7539
劃撥帳號／19911841
戶　　名／世茂出版有限公司
單次郵購總金額未滿500元（含），請加80元掛號費
世茂網站／www.coolbooks.com.tw
排版製版／辰皓國際出版製作有限公司
印　　刷／世和彩色印刷股份有限公司
初版一刷／2014年1月
六刷／2024年1月

ＩＳＢＮ／978-986-5779-02-3
定　　價／240元

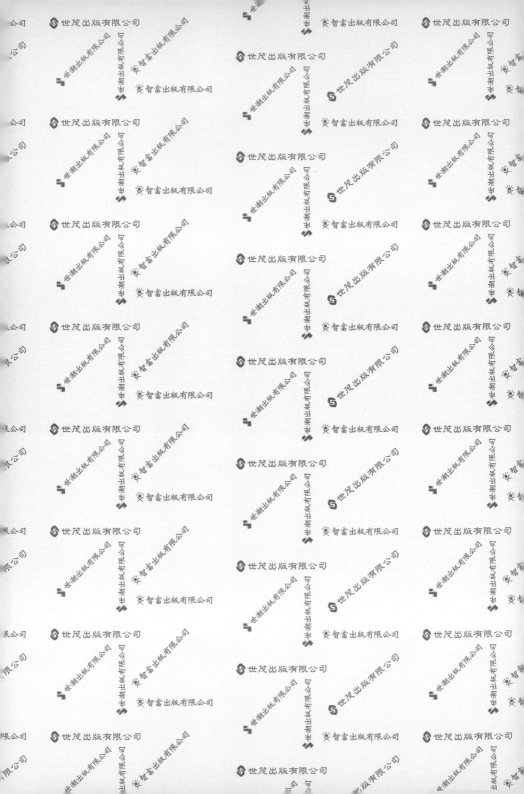

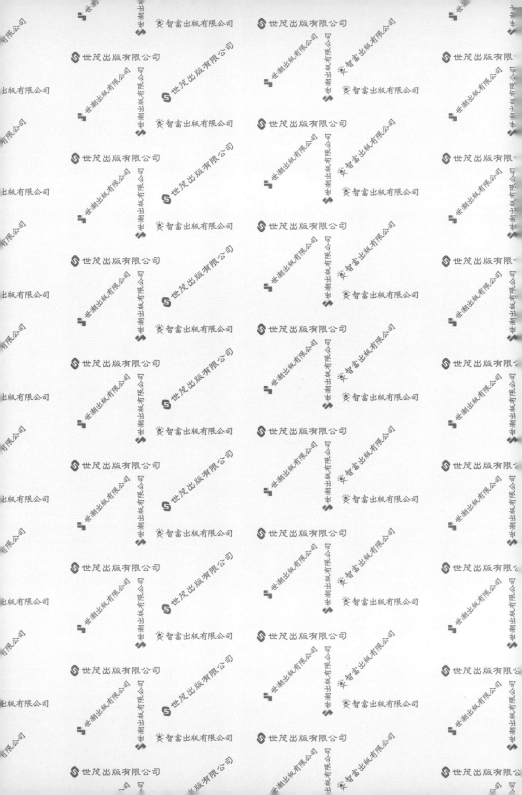